节粮型蛋鸡饲养管理技术

宁中华　编著

金盾出版社

内 容 提 要

本书由中国农业大学宁中华教授编著。内容包括:研究开发节粮型蛋鸡的意义,节粮型蛋鸡的特点、遗传育种、生产性能、营养需要与日粮配合、饲养工艺与饲养环境、饲养管理技术、卫生保健与防疫、林地放养技术、经济效益分析和饲养管理中常见问题解答等11个部分。本书全面系统地介绍了节粮型蛋鸡的研究成果和饲养管理经验,内容丰富实用,语言通俗易懂,可供养鸡者、鸡场管理者和大专院校相关专业的师生阅读参考。

图书在版编目(CIP)数据

节粮型蛋鸡饲养管理技术/宁中华编著.—北京:金盾出版社,2006.1

ISBN 978-7-5082-3856-2

Ⅰ.节… Ⅱ.宁… Ⅲ.卵用鸡-饲养管理 Ⅳ.S831.4

中国版本图书馆CIP数据核字(2005)第131707号

金盾出版社出版、总发行

北京太平路5号(地铁万寿路站往南)

邮政编码:100036 电话:68214039 83219215

传真:68276683 网址:www.jdcbs.cn

封面印刷:北京印刷一厂

正文印刷:北京兴华印刷厂

装订:双峰装订厂

各地新华书店经销

开本:787×1092 1/32 印张:5.875 字数:131千字

2009年12月第1版第6次印刷

印数:45001—55000册 定价:9.00元

前　言

农大3号小型蛋鸡（节粮型蛋鸡）是中国农业大学动物科技学院育种专家经过10多年选育的优良蛋鸡品种，2003年9月通过国家级品种审定。从1989年开始，原北京农业大学的动物育种专家就在本校种鸡场（现北京北农大种禽有限责任公司）进行节粮型蛋鸡的研究。1998年2月，节粮型褐壳蛋鸡的选育通过农业部组织的专家鉴定，项目研究成果达到国际领先水平（核准编号：98农科果鉴字067号），被列入国家重点推广新品种（编号：98G041B3260012），并获1998年度农业部科技进步二等奖，1999年又获得国家科技进步二等奖。在此基础上，课题组开展配套系的研究开发，成功选育出两个配套组合，命名为“农大3号小型蛋鸡”。2003年9月，农大3号小型蛋鸡通过国家级品种审定。笔者有幸全程参与了该项目的研究过程，而且以此为题完成了硕士论文和博士论文。农大3号小型蛋鸡充分利用了矮小基因（dw基因）的优点，能够提高蛋鸡的综合经济效益。据中国农业科学院农业经济研究所测算，饲养农大3号小型蛋鸡在正常情况下仅节约饲料一项就比普通蛋鸡每只多获利9元。目前，全国除了台湾省和港澳地区外，其他省、自治区、市都引入了农大3号小型蛋鸡，饲养节粮型蛋鸡已成为广大农民致富的途径之一。据不完全统计，2004年全国饲养数量达到3 000多万只，是目前国产品种中年推广量最大的蛋鸡品种。虽然节粮型蛋鸡饲养管理技术大部分与普通蛋鸡相同，但是还是有一些自身的特点。为了使广大养殖者充分了解节粮型蛋鸡的特性，以充分发挥其遗传潜力，增产增收，所以编写了本书，供大家参考。本书融入了有关农大3号小型蛋鸡的研究成果和饲养管理经验，同时也提出了一些问题，供有志于研究相关课题的学者做进一步研究探讨。

感谢中国农业大学动物科技学院的育种专家吴常信院士、杨宁教授、单崇浩教授、王庆民教授、王忠老师对选育该品种的贡献，也感谢国家农业部、科技部、国家自然基金委员会为本项目研究提供的支持。由于水平和掌握的资料有限，书中难免有不妥或错误之处，敬请指正。

编著者

2005年7月3日于北京

目　录

第一章　研究开发节粮型蛋鸡的意义

一、鸡蛋的营养价值

鸡蛋是人类的重要食品，可以为各个年龄段的人群提供全面的均衡的营养。鸡蛋还是食品工业的重要原料，是制作蛋糕、面包、香肠、饼干等食品的重要成分。

鸡蛋由蛋白(蛋清)、蛋黄和蛋壳三部分组成，其中可食部分是蛋白和蛋黄。鸡蛋中含有丰富的优质蛋白质，各种氨基酸的比例和人体组成极为接近，同时也是不饱和脂肪酸，铁、钙、磷等矿物质，维生素 A、维生素 E、维生素 K 和 B 族维生素的重要来源。蛋白部分大约占鸡蛋质量的 60%，其中主要成分是水分，大约占 88%。蛋白部分的蛋白质含量占 9.7%～11%。蛋黄是由许多形态各异的微小颗粒组成的复杂混合物，干物质含量 50%左右。蛋黄的主要成分是蛋白质和脂类，分别占 15.7%～16.6%和 32%～35%。蛋黄脂类中甘油三脂占 66%，卵磷脂占 28%，胆固醇占 5%，其余为其他类型的脂肪。

从消费者的角度考虑，按性能价格比计算，鸡蛋是最廉价的优质动物蛋白来源。按照 2002 年市场价格(北京)，1 千克普通鸡蛋零售价 5 元，可以提供约 125 克蛋白质，相当于约 4 千克牛奶的蛋白质含量，而 4 千克牛奶的市场售价为 11.2 元(散装奶每千克 2.8 元，品牌奶价格还高)。也就是说花同样的钱可以获得比牛奶多 1 倍的动物蛋白质。即使和肉鸡相比，鸡蛋依然是廉价的动物食品。2千克的肉鸡活鸡售价14元(每千克7元)，主要可食用部分胸肌和腿肌大约占活体重的30%。肌肉的蛋白质含量约21%，1只活鸡共提供约120克的蛋白质，只相当于1千克鸡蛋提供的蛋白质量。因此，消费者食用鸡蛋，从营养角度和经济角度看都是最实用的，应该提倡每人每天至少吃1个鸡蛋。

二、我国蛋鸡生产的现状

(一)发展速度快，数量基本饱和

据联合国粮农组织(FAO)统计的数据，目前我国蛋鸡存栏量为20亿只左右(包括约5亿只后备母鸡)，其中农村散养鸡5亿只左右(约1亿为只当年培育的鸡)，存栏良种蛋鸡15亿只左右(约4亿只为后备鸡)。农村散养鸡一般每年的春季和秋季产蛋，冬季和夏季休产，有些鸡春季还抱窝。因此，产蛋量较少，平均每只鸡年产蛋也就是120个左右，约合5千克。集约化饲养的11亿只产蛋鸡要供应市场上的大部分鸡蛋产量，平均每只存栏母鸡产蛋16千克左右。我国近几年基本保持存栏产蛋鸡约15亿只，加上后备鸡共有20亿只左右。当然不同的年份数量上有变化，变化的幅度近几年一般都在10%以内。如果变化幅度超过10%，市场的鸡蛋价格就会发生明显的变化，促使一部分人扩大或减少饲养数量。国际上禽蛋消费居前的国家基本上是平均每人1只鸡，所以单从数量上来讲，我国蛋鸡的存栏量完全能够满足国内消费者对鸡蛋的需求。如果蛋鸡的遗传潜力得到进一步发挥，生产水平提高一个档次，数量再减少一些，对蛋鸡市场无显著影响。

2003 年全国禽蛋产量 2 535 万吨，人均达到 19.2 千克，大大超过“九五”规划的禽蛋产量 1 800 万吨的目标。2004 年全国禽蛋产量达到 2 700 万吨。

我国的现代养鸡事业起步于 20 世纪 70 年代末，到了 80 年代中期，我国已经成为世界第一鸡蛋生产国，到目前一直保持世界第一的产量。人均占有禽蛋数量（主要是鸡蛋）也已达到世界发达国家的水平，1997 年达到人均 16.2 千克，2000 年达到人均 18 千克以上。我国也是世界第一人口大国，耕地面积十分有限，用占世界 1/10 的土地养活世界 1/4 的人口，任务相当艰巨。虽然我国的粮食有些年景显得十分有余，但是应该看到我国的粮食贮备就像用盘子盛水，稍微多一点就外溢，少一点就见底。因此，国外不断有一些人散布下个世纪谁来养活中国的言论。而人民生活水平的不断提高对畜禽产品的需求量不断增加，如何保证蛋鸡业的可持续发展，关键在于提高饲料利用率，用现有的饲料资源生产更多的鸡蛋产品。对于养鸡企业来讲，如何在当今蛋鸡饲养量相对饱和的状况下提高产品竞争力，增加企业的经济效益，饲养饲料转化率高的节粮型蛋鸡品种，增加产品科技含量，无疑是重要措施之一。

（二）小规模大群体是我国目前商品蛋鸡的主要饲养形式

我国从 1991 年鸡蛋价格和经营放开以后，同时也取消了饲料指标，国有和集体养鸡场走上了同一起跑线。这时的个体养鸡开始充满活力，农村个体养鸡像雨后春笋般在我国的农区发展起来。经过 4 年的发展，农村个体规模化养鸡场的规模从几百只、上千只到几万只。到 1995 年，农村个体养鸡已经全面取代了国有和集体养鸡。由于鸡场的数量较多，形成一些存栏上千万只的基地乡、县、市，使鸡蛋和鸡肉的产量迅速增加。从全国蛋鸡分布来看，商品蛋鸡生产向饲料粮（主要是玉米）产区转移是普遍的趋势。我国目前形成的蛋鸡密集区主要在河北、河南、山东、江苏和辽宁等省。这些地区的优势主要有三个方面：一是地处饲料粮主产区，饲料价格低，有利于降低鸡蛋生产成本；二是靠近北京、上海、天津、沈阳等大城市，交通便利，有利于产品迅速、集中销售；三是气候条件比较适合养鸡生产，有利于这些产区从京沪等养鸡科学技术及良种繁育发达的地区获得先进的技术支持和优质的雏鸡。由于交通运输条件的不断改善，流通渠道也充分地发展起来，形成了不少专业贩运鸡蛋的公司，形成了鸡蛋大流通、全国大市场的格局。

农村小规模、大群体养鸡，多采用简易鸡舍，设备条件和防疫条件较差，但是由于管理细致，仍然能够达到较高的生产水平。虽然农村小规模大群体的饲养有很多负面作用，但是在一段时间内是符合我国人口和资源状况的最佳形式。

（三）优良品种得到普及，种鸡场数量减少、规模扩大

我国已经形成了良种繁育体系，规模化养鸡场所饲养的品种均为优良杂交商业品种。世界上最优秀的蛋鸡品种我国都曾引进，而且国内也培育了一些生产性能优良、适应性强的商业配套系，这些品种在目前我国现有的生产条件下没有表现出显著的差异，如果有差异也大多是由种鸡场或孵化场管理不良造成的。由于体制等原因，我国自己培育的蛋鸡品种大都是昙花一现，维持不了多少年就失去市场，就连著名品牌北京白鸡的原产地北京市种禽公司也关门大吉了。从我国养禽权威杂志《中国家禽》、《中国禽业导刊》等杂志刊登的蛋鸡

广告来看，进口种鸡占据绝对主导地位，国产的仅剩下“农大3号”和一些地方品种。在品种类型构成方面，褐壳蛋约占70%，粉壳蛋占15%，白壳蛋占15%，粉壳蛋的数量在稳步提高，白壳蛋逐渐减少。

随着市场竞争的日益激烈，小规模的种鸡场在引种、供种等方面受到越来越多的制约，逐渐被挤出市场，大型种鸡场的规模不断扩大，十几万只、几十万只规模的种鸡场逐渐形成主流。

(四)围绕蛋鸡生产，形成了门类齐全的服务体系

从种鸡饲养、孵化、饲料、兽药疫苗、设备、技术咨询服务到鸡蛋收购、运销，已形成比较完整的服务体系。在蛋鸡养殖比较集中的地区，还建立了禽蛋市场，形成一条龙产业。蛋鸡饲养业的迅速发展，带动了相关产业的发展，形成了以蛋鸡饲养为龙头的地方经济。

(五)总体生产水平还比较低，综合养鸡技术配套不完善

虽然我国蛋鸡存栏数量和鸡蛋产量居世界第一，但是和发达国家相比，我国养鸡在单产方面还存在较大的差距。主要是因为农村规模化养鸡场的规划不合理，场邻场，无必要的隔离措施，建筑和设备简陋，环境控制不得力，造成疾病的常年反复流行。其次是缺乏必要的防病治病知识，防疫、用药是新养鸡户跟老养鸡户学，对疫苗的类型和使用方法不清楚，经常造成免疫失败，死淘率较高。另外，综合养鸡技术不能很好地掌握，配套工程不尽完善，也是造成鸡的遗传潜力不能充分发挥的因素。综合养鸡技术包括良种、营养与饲料、环境与设备、卫生与防疫和管理五个方面，其中最后一项是软件，只有

这五个方面有机地结合在一起，才能使鸡充分发挥遗传潜力，获得最大的经济效益。

（六）蛋鸡饲养进入微利时代

由于蛋鸡饲养数量和鸡蛋产量持续保持高增长，而我国的鸡蛋消费又主要是国内消费，按照我国的人均收入水平，现在的禽蛋总量显然是相对过剩，也就造成了近些年鸡蛋的价格在一年大部分时间里低于西红柿的价格，蛋鸡养殖者的经济收益得不到保证，有些年份甚至亏损。从农村养殖基地的变迁也可以看出蛋鸡业已经不再是人人获利的年代。原来一些蛋鸡养殖基地饲养量逐渐减少，取而代之的是又出现了另外一些新的养殖基地。如原来山东的养殖基地邹平、平原、青岛胶东等地养鸡量很大，如今蛋鸡饲养数量锐减。在一些以传统种植业为主的相对不发达地区蛋鸡饲养量迅速增加，如河北的沧州、山东菏泽一带。一方面是因为这些新兴地区的劳动力成本低，养鸡时间短、疾病少；另一方面是因为这些地区有丰富的饲料资源，饲料成本低；还有就是地方政府为了使当地农民致富对养殖业的大力扶植。从养殖基地的变迁可以看出，蛋鸡饲养主要是在农区相对不发达地区，是这些地区农民的致富手段。而在发达地区则由于蛋鸡饲养效益的下降，农民则将原来积累的资金逐渐转移到其他利润率较高的行业中去了。

（七）饲料短缺是蛋鸡业可持续发展的瓶颈

我国人多地少，人均占有粮食较少，可以用来做饲料的粮食更少，而鸡的饲料中大部分是粮食（玉米、豆粕）。随着我国畜牧业的发展，缺粮问题逐渐显现，将影响蛋鸡生产者的利润。国家退耕还林、退耕还草战略的实施以及工业占地的快速膨胀，可耕地面积越来越少。因此，大量的饲料粮将不得不依赖进口，肯定会造成粮食价格的上涨。粮食价格的上涨，势必造成饲料价格的上涨，增加养殖成本。我国人均粮食很难突破400千克大关。预计2010年用于饲料生产的粮食将达到1.2亿吨，占粮食产量的近1/4，矛盾将更为突出。目前以进口豆类、鱼粉为主，今后不排除用大量外汇进口玉米等原粮的可能。蛋氨酸、赖氨酸、某些维生素也将以进口为主。从2003年豆粕、玉米等粮食涨价趋势来看，未来我国养鸡业在很大程度上受到粮食产量的影响，发展节粮畜牧业势在必行。

三、研发推广节粮型蛋鸡的意义

通过农业结构调整增加农民收入，提高我国农产品的国际竞争力，是我国当前农业发展的主要任务，其中大力发展畜牧养殖业是结构调整的重要内容之一。我国的畜牧养殖业发展到今天，主要是龙头企业带动农村的农户。因此，发展畜牧业不仅可以就地解决剩余粮食的转化问题，也是增加农民收入、解决农村剩余劳动力的途径之一。我国蛋鸡养殖的主体是农村小规模大群体的家庭饲养户，主要集中在农区相对不发达地区，养殖蛋鸡成为这些地区农民脱贫致富、增加收入的重要手段。蛋鸡养殖是我国畜牧业的重要组成部分，也是发展较早和水平相对较高的行业，蛋鸡生产不仅促进了农民增收，而且影响和带动了相关产业的发展。

我国虽然是农业大国，但是可供养殖用的饲料资源却十分有限，每年需要从国外进口大量的豆粕，豆粕进口较多的年份进口量超过了我国本土的产量。饲料的相对短缺造成饲料价格的上升和养殖成本的增加，使畜禽养殖的利润下降。最近几年虽然鸡蛋价格持续处在低位，但饲料的价格却在不断上升，蛋鸡饲养户已经连续几年利润较低甚至亏损，直接影响到农民饲养的积极性和收入的增加。

节粮型蛋鸡是我国蛋鸡育种方面国际领先的科研成果，它的选育成功，提高了蛋鸡的饲料利用率，增加了养殖户的综合经济效益。节粮型蛋鸡是把矮小基因(dw)引入高产蛋鸡，可以使蛋鸡饲料利用率提高 15%～25%，一般情况下料蛋比可以达到 2.1∶1。与普通型高产蛋鸡相比，同样生产 1 千克鸡蛋，可以节省约 0.4 千克饲料，生产成本大大降低。在鸡蛋售价相同的情况下，饲养节粮型蛋鸡可以比普通蛋鸡多盈利。据中国农业科学院农业经济研究所测算，饲养节粮型蛋鸡仅提高饲料利用率一项，每只鸡就可以比普通蛋鸡多赢利 9 元多。

宏观来看，我国 15 亿只良种蛋鸡每年生产鸡蛋 1 800 万吨，消耗饲料约 5 000 万吨，饲料中 85%以上是粮食。如果 1 800万吨鸡蛋全部由节粮型蛋鸡生产，可以节约饲料 720 万吨。即使只有 10%的鸡蛋是由节粮型蛋鸡生产，每年也可以节约饲料 72 万吨。此外，我国的绝大部分良种蛋鸡的种鸡都是由国外进口，不仅每年花费大量外汇，而且在技术上和产品供给上受到国外公司的制约。节粮型蛋鸡的选育成功，对提高蛋鸡饲养户的经济效益、促进农村产业结构调整、增加农民收入意义重大。

四、国内外蛋鸡节粮研究进展

提高蛋鸡的产蛋性能达到降低生产鸡蛋成本的目的，一直是蛋鸡育种的主要目标。但是随着产蛋数量选择极限的临近，国内外的育种公司又把提高饲料利用率作为重要的直接选择目标。从欧洲家禽测定站测定的成绩来看，世界上最优秀蛋鸡的产蛋总重量72周龄每只鸡可以达到19千克以上，料蛋比达到2.25∶1。在大群生产中，高水平鸡场的料蛋比可以达到2.4∶1。国内虽然也引进了国际上优良的蛋鸡品种，但由于受各种条件的制约，通常每只鸡产蛋总重量只能达到17千克，料蛋比2.7∶1。国内高水平的养鸡场每只鸡的产蛋总重量能达到18千克，料蛋比2.5∶1。随着鸡开产日龄的提前，鸡的饲养期也在发生变化，有的品种可能不再饲养到72周龄，为了保证鸡蛋质量可以提前到68周龄淘汰，也有的为了节省培育鸡的成本延长产蛋期到80多周龄，关键看经济效益。

带有dw基因的小型蛋鸡在国外也曾有人研究过，但是主要集中在矮小白来航鸡的研究上，由于矮小白来航鸡体重太小而影响淘汰鸡的收入，综合经济效益较低，逐渐被放弃，国外没有一家育种公司推出商业化的矮小型蛋鸡配套系。我国的节粮型蛋鸡研究开始于1989年，而且把研究的重点放在培育矮小型褐壳蛋鸡上，克服了矮小白来航鸡体重太小的缺点。我国的节粮型蛋鸡是世界上第一个矮小型蛋鸡商业品种，而且配套形成了矮小褐壳蛋鸡和矮小粉壳蛋鸡两种配套系，2003年9月通过国家品种审定。国家家禽测定中心2002年的测定结果表明，使用普通蛋鸡饲料的情况下，节粮型蛋鸡72周龄饲养日产蛋数达到290个，料蛋比2.06∶1，饲料利用率比普通型高产蛋鸡高20%，效益远优于同时测定的进口良种蛋鸡。节粮型蛋鸡也是目前国内饲养的众多蛋鸡品种中我国惟一拥有知识产权的特色蛋鸡品种。

第二章　节粮型蛋鸡的特点

一、外貌特征

(一)纯系的特征

1. W 系　终端父本。矮小型，快羽，单冠、冠较小，羽色浅褐色；母鸡胫长 7.5 厘米，公鸡胫长 8.8 厘米。蛋壳颜色褐色，平均蛋重 56 克。胸部较平，胸角 105°。黄皮肤。成年体重公鸡 1 800 克左右，母鸡 1 600 克左右。

2. LD 系　粉壳蛋配套系母本父系。普通型，慢羽，白来航系列，单冠较大向一侧歪斜，羽色白色。母鸡胫长 9.3 厘米，公鸡胫长 12.3 厘米。蛋壳颜色白色，平均蛋重 60 克。体型清秀，尾羽上翘，胸部龙骨突出，白皮肤，略显神经质。成年体重公鸡 2 000 克左右，母鸡 1 750 克左右。

3. LC 系　粉壳蛋配套系母本母系。普通型，快羽。属单冠白来航系列，外观特征与 LD 系相同。

4. D 系　褐壳蛋配套系母本父系。普通型，慢羽，白洛克系列，单冠、冠直立较小，羽色为银色羽。母鸡胫长 9.6 厘米，公鸡胫长 12.8 厘米。蛋壳颜色褐色，平均蛋重 62 克。黄皮肤，性情温驯。成年体重公鸡 2 500 克左右，母鸡 2 000 克左右。

5. C 系　褐壳蛋配套系母本母系。普通型，快羽，白洛克系列，单冠、冠直立较小，羽色为银色羽；母鸡胫长 9.6 厘米，公鸡胫长12.8厘米。蛋壳颜色褐色，平均蛋重62克。黄皮肤，成年体重公鸡2 500克左右，母鸡2 000克左右。

（二）父母代种鸡的特征

1. 公鸡　同W系公鸡。

2. 粉壳父母代母鸡　同LD系母鸡。

3. 褐壳父母代母鸡　同D系母鸡。

（三）商品代鸡的外貌特征

1. 农大3号小型粉壳蛋鸡　单冠稍大，羽毛颜色以白色为主，部分鸡有少量褐色羽毛，尾羽上翘，体型紧凑，成年体重1 550克左右。蛋壳颜色浅褐壳，蛋重55～58克。

2. 农大3号小型褐壳蛋鸡　单冠较小，羽毛颜色以金色为主，小部分鸡羽毛白色，尾羽平直，体型紧凑，性情温驯。成年体重1 600克左右。蛋壳颜色褐色，平均蛋重58克。

二、生产特征

（一）体型小，占地面积少

小型蛋鸡成年体重母鸡1.6千克左右，公鸡1.8千克左右，其中粉壳蛋鸡比褐壳蛋鸡轻50～100克。普通型褐壳蛋鸡的成年体重一般在2.1千克左右，普通白壳蛋鸡的成年体重一般在1.75千克左右。另外，小型蛋鸡的自然体高为31厘米，比普通型蛋鸡矮10厘米左右。这样，在设计小型蛋鸡专用笼时鸡笼的层高可以降低10厘米，原来3层笼养的高度可以设计成4层，提高饲养密度33%。另外，4只小型蛋鸡的体重和3只普通型褐壳蛋鸡的体重相近，用中型蛋鸡笼也可以适当增加密度，但是要求鸡舍的通风条件要比较好，使鸡有足够的采食空间。

（二）耗料少，饲料转化率高

小型蛋鸡从出壳到产蛋大约需要5千克饲料，比普通型的褐壳蛋鸡少约3千克。产蛋期节粮型蛋鸡的平均日采食量只有90克左右，如果气温比较适宜，即使在产蛋高峰期每只鸡的日耗料也不会超过100克。普通褐壳蛋鸡每天的采食量一般都在120克以上，如果饲料的能量较低或鸡舍温度较低，有的鸡场每只鸡每天的采食量能超过135克。节粮型蛋鸡产蛋期的料蛋比一般在2.1：1，比普通蛋鸡提高饲料利用率15%～25%。

（三）抗病力较强

科学实验证实，所有带dw基因的小型蛋鸡对马立克氏病有较强的抵抗力，在开产前后鸡的死淘率较低，而开产初期因为脱肛等病症引起的病死率较高。小型蛋鸡对一般细菌性疾病的抵抗力也比普通蛋鸡强。因此，产蛋期有较高的成活率。小型蛋鸡的体重较小，在夏天对高温的耐受程度比大体型的蛋鸡要高一些。

（四）卵黄吸收慢

受dw基因的影响，同样大小的种蛋，小型蛋鸡出生体重比普通型的重1克，所以小型蛋鸡刚出壳后的觅食行为较迟，可能与卵黄吸收慢有关。育雏前3天适当调高舍温1℃，达到35℃，以促进卵黄的充分吸收，因为受到低温的影响卵黄会变性，雏鸡的死亡率会上升。注意引导雏鸡的开饮和开食，最好首次饮水实行强制的方法。

(五)对维生素和某些氨基酸的需要量较高

有些营养素必须达到一定的量才能起作用，尤其是作为生化反应过程中起主要辅酶作用的维生素一旦缺乏造成的影响很显著。由于小型蛋鸡的采食量比普通型蛋鸡少30%，要满足每天足够的维生素摄入量，日粮中维生素A，维生素D，维生素E，维生素K含量至少比普通蛋鸡要多50%，B族维生素多30%，以弥补采食量低造成的摄入不足。科学实验证实，矮小型鸡对含硫氨基酸的需要量相对比较高。因此，小型蛋鸡产蛋高峰期饲料中需要含有至少0.4%的蛋氨酸。

(六)保持体重很重要

小型蛋鸡的体重比普通蛋鸡小，但是也不是越小越好，体重稍大一些可能对维持产蛋高峰更有利。建议小型褐壳商品代蛋鸡成年体重应达到1 600克，矮小粉壳商品代蛋鸡至少应达到1 550克。如果在饲养管理中发现前期鸡的体重超过标准也不用因此而限饲，因为这种鸡的体重不会超标严重，而且鸡的体重在生长期的后期相对慢得多。要有理想的体重关键是育成期，应增加鸡在此阶段的采食量，不要使用营养浓度低的育成鸡饲料，尤其是饲料中粗蛋白质的含量一定要满足鸡体重增长的需要，必要时添加0.1%左右的赖氨酸，以促进体重的增加。

(七)抗风险能力强

由于小型蛋鸡饲料转化率高，每生产1千克鸡蛋比普通蛋鸡减少成本 0.4 元，所以和普通蛋鸡相比对抗市场风险的能力相对强得多。在前几年鸡蛋市场不好的情况下，饲养节粮型蛋鸡的养殖场只要不出现大的管理失误，基本能够保证不亏损甚至还有盈利。

第三章　节粮型蛋鸡繁育体系与遗传选育

一、繁育体系的概念

鸡的杂交繁育体系是将纯系选育、配合力测定以及种鸡扩繁等环节有机结合起来形成的一套体系。在杂交繁育体系中,将育种工作和杂交扩繁任务划分给相对独立而又密切配合的育种场和各级种鸡场来完成,使各部门的工作专门化。鸡杂交繁育体系的建立,决定了现代养鸡生产的基本结构。

(一)家　系

由 1 只公鸡和若干只母鸡交配繁育的后代群体称为 1 个家系。一般 1 个鸡家系内的个体之间是全同胞或半同胞的关系,也称混合家系。

(二)全同胞

同父同母所生产的后代,后代之间的关系为全同胞关系。

(三)半同胞

同父不同母生产的后代,后代之间的关系为半同胞关系。

(四)纯　系

鸡的纯系是育种群闭锁继代选育 4～5 代以后,有利基因频率增加，形成了遗传上比较稳定的种群，就可称为纯系。纯系是由许多家系组成的。

(五)配 套 系

为了利用杂种优势，在杂交繁育体系中需要有几个系配套使用，商品代鸡通常是 2 个或 2 个以上纯系杂交后的产品。由于各系在配套系中的位置决定了对后代的影响程度，所以每个系的育种目标不完全相同。这些纯系通过配合力测定，筛选出符合商品生产的纯系组合，推向市场，这一特定的纯系组合称为配套系。

一个育种场需要有多个纯系，以提供多种配套系。也有的用一个基础母系，和不同类型的父系配套，可以形成几种类型的配套系。如用褐壳蛋 AB 公鸡和白壳蛋 CD 母鸡交配生产粉壳蛋鸡；如换成白来航公鸡，则生产白壳蛋鸡。

二、繁育体系的结构

完善的杂交繁育体系形似一个金字塔，主要由选育阶段和扩繁阶段两大部分组成。

(一)选育阶段

指处于金字塔顶的育种群，主要的选育措施都在这部分进行，其工作成效决定整个系统的遗传进展和经济效益。在这里同时进行多个纯系的选育工作，经过配合力测定，选出生产性能最好的杂交组合，纯系配套进入扩繁阶段推广应用。

(二)扩繁阶段

纯系以固定的配套组合形成曾祖代(简称 GGP)、祖代(简称 GP)和父母代(简称 PS),最后通过父母代杂交生产商品代(CS)雏鸡。在纯系内获得的遗传进展依次传递下来,最终体现在商品代,使商品代鸡的生产性能得以提高。

1. 配合力 指1个品种(品系)和其他品种(或品系)杂交产生杂种优势的强度。

2. 父母代 直接生产商品代鸡的配套种鸡组合称为父母代种鸡。

3. 祖代 用于生产父母代种鸡的种鸡称为祖代。

4. 曾祖代 用于生产祖代种鸡的种鸡称为曾祖代。通常曾祖代和纯系为同一遗传素质的群体。

繁育体系扩繁阶段的首要任务是传递纯系的遗传进展,并将不同纯系的特长组合在一起,产生杂种优势,同时还要在数量上满足生产对商品代鸡的需求。因此,各代的合理组织和协调对于保证育种群遗传进展的顺利传递是很重要的。由于在育种群与商品鸡之间加入这一多级扩繁结构,使育种群中取得的遗传进展必须通过几级扩繁才能体现在商品代鸡中,延缓了育种成果在生产鸡群中的实现,这是不利的一面。但正因为有高效的扩繁体系,才能使育种群的优秀基因传递到几万甚至几十万倍数目的商品代鸡中,并充分利用杂种优势,从整体上考虑还是有利的。

在扩繁阶段,必须按固定的配套方式向下垂直进行单向传递,即祖代鸡只能生产父母代鸡,而父母代只能提供商品代鸡。商品代鸡是整个繁育体系的终点,不能再作为种用。

从原始的纯种繁育转变到上述这种复杂的杂交繁育体

系，经历了一个缓慢而渐进的过程。育种者和生产者为此投入了大量的财力和人力，并在育种方法、组织管理上做出了许多创新。同时，饲养工艺技术、营养需要的研究和疾病控制等方面的迅速发展，也为这一生产体制的变革提供了技术上的保证。经过几十年的努力，完成了养鸡生产史上这次深刻的变革。

三、繁育体系的形式

杂交繁育体系根据参与杂交配套的纯系数目分为两系杂交、三系杂交和四系杂交甚至五系杂交等，其中以三系和四系杂交最为普遍。

（一）两系配套

由两个纯系杂交进行商品代的生产，两系杂交是最简单的杂交配套模式。两系配套体系是比较原始的形式，是最简单的杂交配套模式。其优点是从纯系育种群到商品代的距离短，因而遗传进展传递快。不足之处是不能在父母代利用杂种优势来提高繁育性能，而且扩繁层次少，故供种量少，对育种公司不利。因此，大多育种公司已很少提供两系杂交配套组合。

（二）三系配套

由三个纯系参与生产商品代，三系配套时父母代母本是二元杂交种，其繁殖性能有一定的杂交优势，再与父系杂交仍可在商品代产生杂交优势，对提高商品代鸡的性能是有利的。三系配套是目前应用最普遍的配套模式。在供种数量上，母本经祖代和父母代二级扩繁，供种数量可以大幅度提高，父系虽然只有一级扩繁，但是需要量少，不影响供种，而且父系的遗传进展可以很快传递到商品代鸡。

（三）四系配套

由四个纯系参与生产商品代，四系配套时父母代父本和母本都是二元杂交种，这是仿效玉米自交系双杂交的一种配套模式。四系配套的优点是有利于控制种源，保证供种的连续性，保护育种公司的利益。但是四系杂种的生产性能和三系差不多。从遗传进展传递上比三系杂交慢，可以实现父母代和商品代雏鸡双自别。

四、节粮型蛋鸡配套系

节粮型蛋鸡配套系主要有两种产品类型：一种是小型褐壳蛋鸡，商品代鸡产褐壳蛋；另一种是小型浅褐壳蛋鸡，商品代鸡产浅褐壳蛋。这两种配套系的父本相同，都是矮小褐壳蛋系（W 系），D 系和 C 系是褐壳蛋鸡的配套品系，LD 和 LC 是白壳蛋鸡的配套品系。为了充分利用父母代母鸡的杂种优势，农大 3 号小型蛋鸡较多使用的是三系配套形式。

（一）3 号褐三系配套

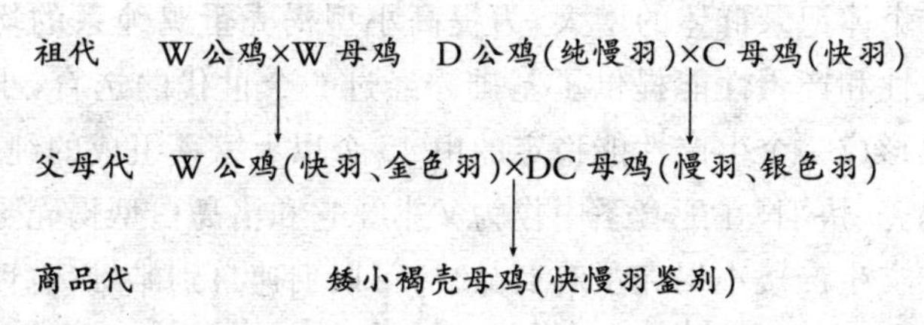

（二）3 号粉三系配套

祖代　　W 公鸡×W 母鸡　　　LD 公鸡×LC 母鸡

W 公鸡　　×　　LDC 母鸡

（快慢羽鉴别）

商品代 3 号褐和 3 号粉主要采用快慢羽鉴别，鉴别率 98%以上。羽毛颜色区别，3 号褐是红羽为主，有少量白羽；3 号粉是白羽为主，有少量红羽。

农大 3 号褐的商品代羽色自别雌雄也有突破性进展，商品代雏鸡中所有带红羽的雏鸡都是母雏，自别率能达到 95%（小部分白羽母雏）。

五、节粮型蛋鸡配套系的选育

（一）W 系的选育目标和选育方法

1. 纯系组建与扩群　课题组 1992 年 10 月获得了基因型纯合的矮小公鸡（dwdw）和矮小母鸡（dw），进行闭锁群选育，1996 年组建了由 60 个家系 2 772 只个体记录母鸡的纯系。个体记录群体的增大，为提高小型褐壳蛋鸡纯系的均匀一致性和产蛋性能提供了基础。经过 6 个世代的选育，小型蛋鸡形成一个生产性能稳定的由 45 个以上家系组成的纯系，为褐壳、快羽，在配套系中作为父本。它和洛岛白型褐壳蛋母鸡杂交生产矮小褐壳蛋鸡商品代，可以羽速自别雌雄（也可以羽色自别），和白壳慢羽母鸡杂交可以生产羽速自别的矮小粉壳蛋鸡。

2. 选育目标是提高产蛋数和提高体重均匀度 根据市场对小蛋的需要和小型蛋鸡的蛋重较小的特点，对小型褐壳蛋鸡纯系的选育重点放在选择提高产蛋数和提高体重均匀度上。选择提高产蛋数的方法是采用前期部分记录选种，即用21～44周龄（或40周龄）产蛋成绩选种。母鸡按家系成绩结合本身成绩选留，公鸡按同胞半同胞姊妹成绩留种。随着开产日龄的提前，把20周龄以前的产蛋量也计算在内。由于采用微机辅助选种，前期产蛋记录结束后3天内就可以完成选种，能够保证1年1个世代，而又增加4周的记录，增加了选种的准确性。体重的选择主要在120天上笼时将体重太小（＜900克）的剔除，在140天对所有的鸡进行个体称重，体重小于1 000克和大于1 400克的鸡不留种。在育成鸡上笼时，对各家系的存量作优化控制，将产蛋成绩优秀的家系尽量多留，而成绩较差的家系尽量少留，以提高遗传进展。

3. 提高产蛋后期的产蛋持久力 针对小型蛋鸡后期产蛋下降相对较快的特点，在用44周龄成绩选择提高产蛋数时，根据高峰后产蛋曲线基本呈直线下降的特点，用高峰后已知产蛋成绩模拟出各家系高峰后产蛋的直线方程，根据直线方程估计44周龄后的产蛋成绩，这样就得到估计的后期成绩。用44周龄实际产蛋成绩，参考44周龄后的估计产蛋成绩，选择提高全期的产蛋数，对提高小型蛋鸡后期产蛋量有帮助，而又不增加孵化和饲养的工作量。

4. 对羽毛颜色和蛋壳颜色的选育 对小型褐壳蛋鸡的外观和一些质量性状进行选择。虽然用于培育小型褐壳蛋鸡的育种素材均为白羽，但是在小型褐壳蛋鸡中出现了白羽和褐羽两种颜色。白色羽毛的矮小鸡遗传不稳定,后代还会出现羽毛颜色的分离。褐色羽毛遗传相对稳定,而且其公鸡和DC母鸡杂交,后代可部分羽色自别,其中褐羽雏鸡全部为母雏(白羽中有母鸡)。根据这个现象进行矮小褐壳蛋鸡羽毛遗传规律的研究,选育出可以羽色自别的矮小褐壳蛋鸡配套系。利用蛋壳颜色测定仪对蛋壳颜色重点进行均匀一致性和颜色深度的选择,提高粉壳蛋鸡商品代蛋壳颜色的均匀一致性,选择的方法采用独立淘汰法。

(二)母系的选育

1. C系和LC系选育方向和方法　作为母本的母系(快羽系),主要选择目标是提高产蛋数、维持适当的平均蛋重。每一世代育种群体保证有50个家系以上,每个家系为1只公鸡和9～10只母鸡的后代。公鸡根据同胞和半同胞姊妹成绩留种,母鸡根据家系成绩和本身成绩的综合成绩留种,家系成绩和本身成绩的权重分别占60%和40%。对羽速、羽毛颜色等质量性状实行独立淘汰的方法,而对受精率、孵化率等性状采取自然淘汰加人工淘汰的方法。选择产蛋数的方法采用前期部分记录选种,用21～44周龄产蛋成绩选种,1年1个世代。每4周为1期,共6期。在每期的中间两天称个体的蛋重,平均值作为本期的平均蛋重,总蛋重等于各期产蛋数与各期平均蛋重的乘积和。对蛋重划定高限和低限(平均数±10%),根据产蛋数,对家系成绩进行排序。公鸡的留种从组建新家系就开始了,留种母鸡中只有综合生产成绩排名前20%的母鸡才有资格留后代公鸡,出壳后这些留种公雏戴单独的翅号,以区别鉴别误差的公鸡。这些公鸡再根据同胞成绩排队,最后只有50～60只参与下一世代的组建,选留比例最后占公鸡的3%～4%。母鸡的选留比例在25%～30%范围内。在育成鸡上笼时，对各家系的存量做优化控制，将综合排序成绩优秀的家系尽量多留，而成绩较差的家系尽量少留，以提高遗传进展。

2. D系和LD系选育方向和方法 作为母本父系（慢羽系），主要选择目标是提高产蛋数、保持适宜的蛋重范围、提高公鸡的授精能力。每一世代育种群体保证有50个家系（每个家系10只母鸡）以上，1年1个世代，在选种方法上和LC系基本相同。平均蛋重划定高限和低限（平均数±10%），超出范围的除产蛋数量特别优秀者外实行独立淘汰。产蛋数的选择实行家系成绩结合本身成绩的选择方法，用21～44周龄产蛋成绩选种。组建新家系前对公鸡的精液量和精液质量进行测量，淘汰精液量低于0.3毫升的公鸡。根据同胞生产成绩和公鸡授精能力选择50～60只公鸡（根据家系数量确定）组建新的家系。母鸡的选留比例占母鸡的25%～30%，公母比例1∶9～10，留种母鸡中综合成绩排前20%的母鸡可以留公鸡。在家系孵化时对受精率、出雏率进行选择，因受精率低或出雏率低或健雏率低造成健雏数量低于6只的母鸡后代不留公鸡。在育成鸡上笼时，对家系的含量做优化控制，将综合排序成绩优秀的家系尽量多留，而成绩较差的家系尽量少留，以提高遗传进展。

D系和LD系对羽速纯度要求严格，在雏鸡出壳后进行羽速的检查，对母鸡中的快羽进行淘汰，对出现快羽的家系进行登记，不留公鸡。

（三）W系的选择进展

W系作为配套系的核心，其遗传进展最为重要。表3-1，

表 3-2 和表 3-3 分别列出了 W 系,LD 系和 LC 系各世代的选择进展。

表 3-1 矮小纯系蛋鸡各世代成绩

项　目	0 世代	1 世代	2 世代	3 世代	4 世代	5 世代	6 世代
140 天体重(克)	1137±123	1189±171	1153±153	1077±136	1112±146	1321±156	1258±161
开产日龄(天)	155±6.4	161±11.6	165±10.2	164±9.6	159±10.2	155±11.4	148±10.9
开产体重(克)	1376±112	1358±178	1398±124	1314±141	1296±153	1412±142	1342±130
开产蛋重(克)	39.6±3.6	39.2±5.8	42.2±4.2	40.8±3.8	41.6±5.1	40.7±4.8	34.1±5.2
44 周龄产蛋数(个)	115±6.4	113±15.3	113±14.1	106±13.6	117±17.2	120±15.3	130±16.7
40 周龄蛋重(克)	54.8±4.6	51.7±5.1	52.8±5.0	53.5±3.9	54.4±4.9	53.4±3.8	53.2±4.5
44 周龄产蛋重(千克)	5.88±0.76	5.59±1.02	6.00±0.81	5.47±0.78	6.08±1.12	6.77±1.06	6.93±1.08
蛋壳颜色	—	—	—	—	—	46.3±9.4	45.1±6.9

注:蛋壳颜色是用反光原理制作的专用仪器测量,颜色深浅程度值在 0～84 之间

由表 3-1 可以看出,无论是 140 天体重还是开产体重,变化都不大,基本保持在一个较恒定的范围内。140 日龄体重保持在 1 200 克左右,开产体重保持在 1 350 克左右。

40 周龄蛋重基本保持在 54 克左右,与选种目标一致。开产蛋重 5 世代以前基本保持 40 克左右的水平,但是 6 世代

的开产蛋重明显要小很多，可能和开产早有关系。虽然中间各世代有起伏，但产蛋数基本呈现逐渐增加的趋势。6 世代比 0 世代高出 15 个鸡蛋，平均每个世代提高 2.5 个鸡蛋。在平均蛋重基本不增加的情况下，44 周龄产蛋总重增加主要是产蛋数提高带来的贡献。根据方程可以推算出，每个世代可以提高 199.3 克的产蛋量。

开产日龄 6 世代和 2 世代相比提前了 17 天。前几个世代开产日龄逐渐推迟的原因：一个是在产蛋数统计上只考虑 21～44 周龄的产蛋数量，把之前产的蛋忽略不计，另一方面是鸡群的规模小。由于使用开放式鸡舍，受环境影响较大，开始时群体规模又较小，使生产成绩呈现波动，但是从总的趋势来看，生产性能在逐渐提高。因此，需要加大育种的基础建设投入，创造良好的育种环境，使遗传进展能够充分表现出来。

(四)LD 系和 LC 系选择进展

表 3-2 是 LD 系各世代的成绩，表 3-3 是 LC 系各世代成绩。可以看出，快羽系 LC 系的生产性能比慢羽系 LD 系明显高出很多，3 世代 44 周龄产蛋数高出 10.9 个，主要原因是慢羽系的死淘率较高，一般认为来航慢羽鸡和内源病毒 *ev*21 有关，内源病毒 *ev*21 容易引起 E 型白血病的高发。通过对 W 系、LD 系、LC 系的鸡白血病检测和净化，LD 系的阳性率降低到 5.6%以下，LC 系的阳性率控制在 2%以下，W 系为 0%。

表 3-2　LD 系蛋鸡各世代成绩

项　目	0 世代	1 世代	2 世代	3 世代
140 天体重(克)	1460±189	1426±291	1452±283	1374±274
开产日龄(天)	148.3±5.4	146.5±7.2	147.4±6.8	148.6±7.6

续表 3-2

项　目	0 世代	1 世代	2 世代	3 世代
开产体重(克)	1360±203	1310±283	1324±247	1360±259
开产蛋重(克)	38.4±3.9	37.9±6.6	38.5±6.8	43.1±6.7
44 周龄产蛋数(个)	125.5±23.4	126.5±28.9	129.6±27.3	131.3±31.2
40 周龄蛋重(克)	58.6±3.7	58.4±6.2	59.1±5.7	57.4±5.2
44 周龄产蛋重(千克)	7.35±1.05	7.39±2.08	7.66±1.58	7.55±1.97

表 3-3　LC 系蛋鸡各世代成绩

项　目	0 世代	1 世代	2 世代	3 世代
140 天体重(克)	1424±147	1437±179	1453±167	1270±153
开产日龄(天)	145.4±4.9	145.5±8.6	144.8±5.3	145.6±6.7
开产体重(克)	1311±174	1329±196	1345±175	1316±189
开产蛋重(克)	38.2±5.9	38.2±6.8	38.4±5.3	43.1±6.7
44 周龄产蛋数(个)	131.1±16.3	132.9±19.6	135.8±16.2	142.2±18.8
40 周龄蛋重(克)	54.8±5.3	51.7±6.8	52.8±5.4	59.0±4.7
44 周龄产蛋重(千克)	7.76±1.58	7.96±1.84	8.04±1.39	8.36±1.25

(五)D 系遗传进展

由于节粮型褐壳蛋鸡的饲养规模还比较小，所以多数情况下用 W 系公鸡和 D 系母鸡直接交配(二元杂交)生产商品代。D 系的选育历史比较长，目前已经达到 15 个世代，生产性能也比较高。表 3-4 是 D 系的最近 4 个世代的成绩。

表 3-4　D 系蛋鸡各世代成绩

项　目	12 世代	13 世代	14 世代	15 世代
140 天体重(克)	1528±189	1553±204	1534±186	1520±164
开产日龄(天)	160.3±8.5	158.3±7.5	155.6±6.9	152.7±5.8
开产体重(克)	1682±192	1678±206	1646±186	1619±145
开产蛋重(克)	45.6±4.8	44.9±5.6	43.7±5.8	41.6±5.9
44 周龄产蛋数(个)	125.5±21.4	128.9±21.3	132.1±27.3	135.2±19.8
40 周龄蛋重(克)	59.7±4.6	59.4±5.6	59.7±5.4	60.0±5.1
44 周龄产蛋重(千克)	7.49±2.85	7.66±2.32	7.89±1.98	9.11±2.07

第四章　节粮型蛋鸡生产性能

一、父母代蛋鸡的生产性能

为了实现商品代蛋鸡的雌雄自别，用快羽矮小公鸡和慢羽母鸡杂交进行生产。由于目前还没有慢羽型的矮小型蛋鸡做配套母系，所以配套母系都是普通体型，下一步要培育慢羽型的矮小型品系，使父母代和商品代都是矮小型。农大3号褐壳蛋鸡父母代配套母鸡是洛岛白型，农大3号粉壳蛋鸡父母代配套母鸡是白来航型，生产性能见表4-1，表4-2。需要注意的是体重和采食量仅为参考数据，采食量与饲料的营养水平、气温等有关，换料阶段采食量和体重变化较大，生产性能也受很多因素的影响，有些鸡场可能超过该参考值，有些达不到也是可能的。

表4-1　父母代蛋鸡生产性能参考值

性能指标	3号褐壳父母代鸡	3号粉壳父母代鸡
育雏育成期成活率(1～120日龄,%)	>95	>94
产蛋期成活率(%)	>93	>92
50%产蛋日龄(天)	148～155	145～150
高峰产蛋率(%)	>94	>95
72周龄入舍母鸡产蛋数(个)	276	280
72周龄饲养日产蛋数(个)	293	295
合格种蛋数(个)	230～240	230～240

续表 4-1

性能指标	3号褐壳父母代鸡	3号粉壳父母代鸡
健康母雏数(只)	80～87	85～90
120日龄母鸡体重(千克)	1.55	1.35
母鸡成年体重(千克)	2.05	1.75～1.85
120日龄公鸡体重(千克)	1.6	1.6
公鸡成年体重(千克)	1.9～2.2	1.9～2.2
育雏育成期耗料(千克)	7.5	7.0
产蛋期日耗料(克)	110～115	100～105

表 4-2　父母代蛋鸡育雏育成期的参考体重和采食量　(单位:克)

周龄	粉壳父母代母鸡		褐壳父母代母鸡		公鸡	
	日采食量	体重	日采食量	体重	日采食量	体重
1	13	60	16	65	16	70
2	18	110	24	130	25	145
3	24	170	29	200	30	235
4	28	240	36	290	36	335
5	34	330	41	390	41	435
6	38	420	46	500	45	535
7	44	500	52	600	50	630
8	50	580	58	700	56	725
9	54	660	64	800	61	820
10	56	750	68	900	66	915
11	60	860	70	1000	70	1020
12	64	950	76	1100	74	1120

续表 4-2

周 龄	粉壳父母代母鸡		褐壳父母代母鸡		公 鸡	
	日采食量	体 重	日采食量	体 重	日采食量	体 重
13	68	1040	79	1190	77	1220
14	72	1120	81	1270	80	1320
15	76	1200	84	1340	83	1420
16	80	1280	89	1420	87	1510
17	84	1350	90	1500	90	1600
18	88	1410	95	1580	94	1680
19	91	1460	98	1660	98	1750
20	94	1500	102	1730	102	1800

二、商品代蛋鸡生产性能与体重标准

农大 3 号褐、粉壳蛋鸡商品代蛋鸡生产性能与体重标准见表 4-3,表 4-4。

表 4-3 商品代蛋鸡生产性能参考值

性能指标	3 号褐壳鸡	3 号粉壳鸡
育雏育成期成活率(1~120 日龄,%)	>97	>96
产蛋期成活率(%)	>95	>95
50%产蛋日龄(天)	146~156	145~155
高峰产蛋率(%)	>94	>94
72 周龄入舍母鸡产蛋数(个)	281	282
72 周龄饲养日产蛋数(个)	290	291

续表 4-3

性 能 指 标	3 号褐壳鸡	3 号粉壳鸡
平均蛋重(克)	53～58	53～58
后期蛋重(克)	60.5	60.0
产蛋总重(千克)	15.7～16.4	15.6～16.7
120 日龄母鸡体重(千克)	1.25	1.20
成年体重(千克)	1.60	1.55
育雏育成期耗料(千克)	5.7	5.5
产蛋期日耗料(克)	90	89
产蛋高峰期日耗料(克)	95	94
料蛋比	2.0～2.1	2.0～2.1

表 4-4 商品代蛋鸡参考体重和耗料量 (单位:克)

周 龄	3 号褐壳鸡		3 号粉壳鸡	
	体 重	日耗料	体 重	日耗料
1	65	8	65	8
2	125	13	125	12
3	175	16	170	15
4	235	19	230	18
5	290	22	280	21
6	335	25	340	24
7	415	29	400	28
8	485	33	475	32
9	550	37	540	36
10	600	41	590	40

续表 4-4

周 龄	3 号褐壳鸡		3 号粉壳鸡	
	体 重	日耗料	体 重	日耗料
11	700	45	690	44
12	800	49	780	48
13	890	53	840	52
14	970	57	920	56
15	1030	61	980	60
16	1100	65	1050	64
17	1180	70	1120	69
18	1250	75	1200	74
19	1300	80	1250	78
20	1350	83	1300	81
22	1410	85	1360	83
24	1470	87	1430	85
26	1530	89	1490	87
28	1550	90	1500	88
30	1560	90	1510	89

说明：1. 0～9 周龄雏鸡料粗蛋白质含量为 19%，代谢能为 11.92 兆焦/千克；0～9 周龄耗料量，3 号褐壳鸡为 1.4 千克，3 号粉壳鸡为 1.36 千克

2. 10～18 周龄育成鸡料粗蛋白质含量为 15%～16%，代谢能为 11.3 兆焦/千克；10～18 周龄耗料量，3 号褐壳鸡为 3.8 千克，3 号粉壳鸡为 3.55 千克

3. 19 周龄开始使用预产料（育成鸡料 50%加产蛋鸡料 50%），5%产蛋后使用高峰产蛋料；产蛋料粗蛋白质含量为 16.5%～17%，代谢能为 11.3 兆焦/千克

表 4-3 所列生产性能来自于好的饲养管理条件。由于生产性能受疾病、饲料、环境条件的影响，故表中数据不是保证值；但多数饲养场通过努力可以实现其生产性能，甚至超过表 4-3 中的数值。表 4-5 是国家家禽测定中心测定的各阶段产蛋情况数值。

表 4-5　节粮型蛋鸡各阶段生产性能

周　龄	饲养日			入舍母鸡			平均蛋重（克）
	产蛋率（%）	产蛋数（个）	累计蛋重（千克）	产蛋率（%）	产蛋数（个）	累计蛋重（千克）	
19～22	49.8	14.9	0.62	49.8	14.0	0.62	44.3
23～26	90.0	39.1	1.83	90.0	39.1	1.83	48.2
27～30	91.7	64.8	3.17	91.7	64.8	3.17	52.0
31～34	91.3	90.4	4.54	91.3	90.4	4.54	53.8
35～38	84.8	114.1	5.85	84.8	114.1	5.85	55.2
39～42	83.7	137.5	7.16	83.7	137.5	7.16	55.8
43～46	75.2	158.6	8.37	74.0	158.3	8.35	57.2
47～50	72.2	178.8	9.53	70.6	178.0	9.48	57.6
51～54	73.7	199.5	10.74	71.3	198.0	10.65	58.6
55～58	72.8	219.8	11.95	70.5	217.7	11.83	59.6
59～62	72.3	240.1	13.18	69.9	237.2	13.01	60.4
63～66	70.4	259.8	14.38	66.9	256.9	14.15	60.8
67～70	72.7	280.2	15.62	69.1	275.3	15.33	61.0
71～72	68.9	289.8	16.21	65.5	284.5	15.89	61.3
19～72	76.7	289.8	16.21	75.3	284.5	15.89	55.9

第五章　节粮型蛋鸡的营养需要与饲料配合

节粮型蛋鸡的营养需要和普通蛋鸡基本相同。但是节粮型蛋鸡的体型小、采食量少。因此，在某些营养物质的需要上和普通蛋鸡有一些不同。由于节粮型蛋鸡的育成时间还比较短，其营养需要是参考普通型蛋鸡的营养标准结合节粮型蛋鸡的特点综合而来的。

一、鸡需要的基本营养物质

鸡需要的营养物质分为必需营养物质和非必需营养物质。必需营养物质是指鸡不能合成或合成的量不能满足需要的营养物质，必须由饲料中供给；非必需营养物质是指鸡能从其他化合物合成的营养物质。日粮中不仅要提供必需营养物质，而且也要提供非必需营养物质，作为合成相应营养物质的前体。鸡至少需要 5 大类营养物质，即能量、氨基酸、维生素、矿物质和水，包括 40 种不同的化合物。

（一）能　量

能量是鸡最基本的营养物质，是维持生命和生产的动力来源。鸡对能量的需要量和日粮的能量水平以兆焦耳（MJ）代谢能表示。国家规定的标准计量单位是焦耳(J)，但是有的养鸡生产者习惯于使用千卡（Kcal）。1 千卡的定义为使 1 千克的水温度升高 1℃（从 14.5℃至 15.5℃）所需要的热量。1

卡=4.184 焦,1 焦=0.239 卡。

1. 日粮中能量来源

(1)碳水化合物　主要是淀粉和糖类。在饲料的碳水化合物中,淀粉是鸡最大量的可消化能源。淀粉主要存在于谷物种子和块茎(块根)中,如玉米、小麦、大米、高粱、土豆等。淀粉为葡萄糖的多聚体,淀粉葡萄糖之间的键很容易为鸡消化道内的酶所分解。其他容易消化的碳水化合物包括双糖类,如蔗糖和麦芽糖;单糖类,如葡萄糖、果糖、甘露糖、半乳糖以及少量戊糖。在单糖类中葡萄糖对动物的营养最重要,它是各类动物的血糖,而且保持在较窄的范围内,它是动物的基本能源。

(2)脂肪　与碳水化合物相比,脂肪产生的能量要比碳水化合物多得多。脂肪的总能约为 39.33 千焦/克,而淀粉的总能约为 17.36 千焦/克,脂肪是淀粉的 2.26 倍。在鸡营养中脂肪通常指甘油的脂肪酸脂,或称甘油三酯。营养上惟一必需的脂肪酸是亚油酸。脂类的作用主要作为能量来源,另外作为脂溶性维生素的溶剂。油脂有助于减少粉尘并能润滑制粒机的压膜。油和脂的代谢能值在很大程度上取决于它们在消化道内的吸收率。

鸡饲料中加入脂肪可产生"脂肪额外热效应"的作用。鸡的日粮中用等量的脂肪取代等量的碳水化合物时,可观察到提高生产性能的有效作用,如饲料转化率提高、增重或产蛋性能提高。这是由于脂肪的热增耗低于碳水化合物和蛋白质的缘故。

(3)蛋白质　在能量不足时,鸡体能以糖原→脂肪→蛋白组织的次序消耗。饲喂蛋白质的主要目的是提供鸡的生长发育、长肉、产蛋和繁殖的营养需要,并不是提供能量之需,因为蛋白质比碳水化合物和脂肪价格高。

2. 日粮能量对采食量的影响 日粮的能量水平是决定饲料采食量的重要因素。因此,在自由采食条件下,鸡趋向于满足能量需要量。为保证各种营养素的适宜采食量,营养需要量必须以对日粮能量水平的相对关系来表示,尤其是蛋白质需要量,常以能量蛋白比表示。

3. 能量对生长的作用 蛋鸡生长期能量需要包括维持需要和生长需要。研究蛋鸡的发育表明,制约生长鸡生长的因素是能量。鸡的体重主要取决于能量的摄取量,而不是蛋白质的量。虽然鸡为能量而食,但大量试验表明鸡的采食量并不是按能量浓度增加而成比例的减少;相反,当饲料中使用过多的低能饲料原料(如麸皮、米糠)造成饲料能量降低时,鸡并不能靠加大采食量而获得所需要的能量。低能饲料占用很大的容积,易产生饱感而抑制采食,容易造成育成鸡体重不达标。节粮型蛋鸡育雏期饲料的代谢能要求 11.92 兆焦/千克,育成期饲料的代谢能为 11.08～11.3 兆焦/千克。

4. 能量对产蛋的作用 产蛋鸡的能量需要包括维持需要、增重需要和产蛋需要。摄入足够的能量对维持较高的产蛋率有利。母鸡随着体重的增大,产蛋率越高能量需求也越高。更多的能量是通过增加饲料摄入量而获得。成年母鸡产蛋后期体重基本不再增加,虽然蛋重在增大,但相对于产蛋高峰期来说,能量需要量减少,如果继续摄入较高的能量,则多余的能量会增加脂肪的沉积。节粮型蛋鸡饲料要求能量水平为 11.08～11.51 兆焦/千克。

(二)蛋白质

蛋白质是一切生命的物质基础,是构成动物体细胞和组织的基本材料。鸡的生长发育、长肉、产蛋和繁殖都离不开蛋白质的供应。

1. 蛋白质的构成 蛋白质是由20多种氨基酸组成的。氨基酸分为必需氨基酸和非必需氨基酸。必需氨基酸是在动物体内不能合成或合成数量不能满足需要必须由日粮中供给的氨基酸。非必需氨基酸是在动物体内可以由其他氨基酸转化而来不必完全由饲料中供给的氨基酸。

(1)*必需氨基酸* 成年鸡的必需氨基酸有蛋氨酸、赖氨酸、异亮氨酸、色氨酸、苏氨酸、苯丙氨酸、缬氨酸和亮氨酸等8种氨基酸。雏鸡的必需氨基酸除上述8种以外,还有组氨酸、精氨酸、胱氨酸、酪氨酸和甘氨酸,共13种氨基酸。鸡的日粮中,上述氨基酸要含有足够的数量,而且比例适当,蛋白质利用率才会高。任何一种必需氨基酸缺乏就会限制其他氨基酸的利用率,从而也降低整个日粮中蛋白质氨基酸的利用率。饲料中最容易缺乏的氨基酸称为限制性氨基酸,鸡的第一和第二限制性氨基酸分别是蛋氨酸和赖氨酸。各种氨基酸在鸡体中的营养作用犹如由二十多块木板条围成的木桶,每块木板条代表一种氨基酸,蛋白质的生产效果犹如木桶里的容水量。如果饲料缺乏某种氨基酸,即如木桶上的某块木板短缺,其他木板条再长盛水量也不能增加,生产水平只停留在最短的1条木板的水平上,这种氨基酸限制了蛋白质的利用率,称为限制性氨基酸,这就是氨基酸平衡的木桶原理。添加少量的限制性氨基酸有时可以显著提高蛋白质的利用率也是这个道理。

(2)*非必需氨基酸* 成年鸡的非必需氨基酸包括组氨酸、丙氨酸、谷氨酸、天门冬氨酸、胱氨酸、脯氨酸、羟脯氨酸、酪氨酸、半胱氨酸等。

2. 氨基酸的功能及缺乏症 氨基酸功能及缺乏症见表5-1。

表 5-1 氨基酸的功能及缺乏症

氨基酸种类	功 能	缺 乏 症
赖氨酸	参与合成脑神经细胞和生殖细胞	生长停滞，红细胞色素下降，氮平衡失调，肌肉萎缩、消瘦，骨钙化失常
蛋氨酸	参与甲基转移	发育不良，肌肉萎缩，肝脏、心脏功能受破坏
色氨酸	参与血浆蛋白质的更新，增进核黄素的作用	受精率下降，胚胎发育不正常或早期死亡
亮氨酸	合成体蛋白与血浆蛋白	引起氮的负平衡，体重减轻
异亮氨酸	参与体蛋白合成	不能利用外源氮，雏鸡发生死亡
苯丙氨酸	合成甲状腺素和肾上腺素	甲状腺素和肾上腺素受破坏，雏鸡体重下降
缬氨酸	保持神经系统正常功能	生长停止，运动失调
苏氨酸	参与体蛋白合成	雏鸡体重下降

3. 蛋白质营养需要的特点

(1)蛋白质和氨基酸的需要量与鸡的生长速度有关 雏鸡阶段，鸡的生长发育很快，雏鸡采食量很少，因而需要饲料中蛋白质和氨基酸的浓度很高。随着周龄和体重的增加，采食量增加，日粮中蛋白质和氨基酸的浓度应降低。

(2)日粮中蛋白质并不是越高越好 过高的蛋白质水平对于鸡是一种应激。蛋白质代谢导致肾上腺皮质激素分泌增加，造成鸡生长减慢，血中尿酸水平上升，而过高的尿酸沉积在皮下、关节、肾脏等部位，易引起痛风。另外，蛋白质代谢需要消耗大量能量，过高蛋白质也导致能量利用率下降。

(3)氨基酸之间要求平衡　各种氨基酸之间存在互补和拮抗，第一限制性氨基酸不足会引起其他氨基酸的分解代谢。添加合成氨基酸而使第一、第二限制性氨基酸差异扩大时，任何一种必需氨基酸的缺乏都会加剧并进一步影响鸡的生长。日粮中过高的赖氨酸会影响精氨酸和胱氨酸吸收，要求赖氨酸和精氨酸含量的比值不超过1∶1.2。氨基酸拮抗也会加重第一限制性氨基酸的缺乏。过高的亮氨酸会严重抑制鸡的采食和生长，必须添加异亮氨酸和缬氨酸进行缓解。

(4)当一种氨基酸与其他氨基酸的比值特别高时可能出现氨基酸中毒　过高的蛋氨酸(如4%)会使鸡产生中毒。过量的苏氨酸、苯丙氨酸、色氨酸和组氨酸具有抑制鸡生长的毒性。

4. 能量蛋白比　能量蛋白比是在确定鸡饲料蛋白质需要量时，首先应明确日粮的能量水平，因为能量水平影响采食量的多少，也就影响蛋白质和其他营养物质的摄入量。所以，饲料中蛋白质一定要与饲料能量保持一定比例。

(三)维生素

1. 脂溶性维生素　不溶解于水，只溶解于脂肪的维生素，包括维生素A，维生素D，维生素E，维生素K。现代科学技术可以将脂溶性维生素包衣成可以溶于水的化合物，以利于在饮水中添加维生素。

2. 水溶性维生素　即可以溶解于水的维生素。包括维生素C和B族维生素，B族维生素包括维生素B_1、维生素B_2、

维生素 B_6、烟酸、叶酸、泛酸、生物素、胆碱、维生素 B_{12}。鸡可以合成维生素 C，所以不把它列为一种必需营养物质。但是在应激状态下补充维生素 C 对鸡有利。

3. 维生素的功能 各种维生素的生物学作用和功能及缺乏症见表 5-2。

表 5-2 维生素的生物学作用和功能及缺乏症

名　称	生物学作用和功能	缺乏症
维生素 A	维持上皮细胞健康，增强对传染病的抵抗力，促进视紫红质形成，维持正常视力，促进生长发育及骨的生长	夜盲症、皮肤干燥角化
维生素 D_3	调节钙磷代谢，增加钙磷吸收，促进骨骼正常的生长发育，提高蛋壳质量	佝偻病、骨软化症
维生素 E	维持正常的生殖功能，防止肌肉萎缩，具有抗氧化作用	白肌病、渗出性素质、脑软化症
维生素 K	促进凝血酶原的形成，维持正常的凝血时间	皮下出血
维生素 B_1	调节碳水化合物的代谢，维持神经组织和心脏的正常功能，维持肠管的正常蠕动，维持消化道内脂肪的吸收以及酶的活性	食欲减退、多发性神经炎
维生素 B_2	促进生长，提高孵化率及产蛋率，是参与碳水化合物和蛋白质代谢中某些酶系统的组成成分	口角炎、眼睑炎、结膜炎、卷爪麻痹症

续表 5-2

名　称	生物学作用和功能	缺乏症
生物素	活化二氧化碳和脱羧作用的辅酶，防止皮炎、趾裂、生殖紊乱、脂肪肝、肾病综合征	皮炎、趾裂、生殖紊乱、脂肪肝、肾病综合征
烟　酸	是参与碳水化合物、脂肪和蛋白质代谢过程中几种辅酶的组成成分，维护皮肤和神经的健康，促进消化系统功能	黑舌病，脚和皮肤有鳞状皮炎
维生素 B_6	蛋白质代谢的辅酶，与红细胞形成有关	中枢神经紊乱
泛　酸	是辅酶 A 的辅基，参与酰基的转化。防止皮肤与粘膜的病变及生殖系统的紊乱，提高产蛋率及降低胚胎死亡率	脚爪炎症，肝损伤，产蛋下降
维生素 B_{12}	几种酶系统的辅酶，促进胆碱和核酸合成。促进红细胞成熟，防止恶性贫血，促进雏鸡生长	贫血，肌胃粘膜炎
叶　酸	防止贫血、羽毛生长不良和繁殖率降低等症状的发生，降低胚胎死亡率	贫血
胆　碱	是磷脂的成分，也是甲基的提供者。参与脂肪代谢，抗脂肪肝物质，在神经传导中起重要作用	脂肪肝
维生素 C	体内的强还原剂，对胶原合成有关的结缔组织、软骨起重要作用；与激素合成有关。防止应激症状的发生及提高抗病力	啄癖

(四)矿 物 质

1. 矿物质的营养作用　矿物质是鸡体组织和细胞、特别是骨骼的组成成分。按需要量通常分为两类:需要量大的称常量元素,通常以占日粮的百分比计算;需要量小的称微量元素,常以毫克/千克饲料计。常量元素包括钙、镁、钾、钠、磷、氯、硫。微量元素主要是铁、铜、钴、锰、锌、碘、硒等。鸡体内矿物质的主要功能:骨骼的形成所必需;以各种化合物的组成成分形式参与特殊的功能;酶的辅助因子;维持渗透压平衡等。各种矿物质元素的功能与缺乏症见表5-3。

表5-3　矿物质元素的营养作用与缺乏症

矿物质种类	营养作用	缺乏症
钙、磷	骨骼和蛋壳的主要成分,维持神经和肌肉的功能、生物能的传递和调节酸碱平衡	骨骼发育不良,蛋壳质量下降,产蛋量和孵化率下降。佝偻病、软骨症
钠、氯和钾	维持渗透压、酸碱平衡和水的代谢	缺钠和氯导致采食量下降,生长停滞,能量和蛋白质利用率降低。缺钾雏鸡生长受阻,行走不稳
镁	骨骼成分,多种酶的活化剂,还参与糖和蛋白质的代谢	营养不良
铁	是形成血红素和肌红蛋白质的主要元素。运送氧和参与氧化作用	贫血,有色羽褪色
铜	对造血、神经系统和骨骼的正常发育有关,是多种酶的组成成分	贫血,生长受阻,骨畸形,毛色变淡,产蛋下降

续表 5-3

矿物质种类	营养作用	缺乏症
钴	是维生素 B_{12} 的组成成分	虚弱，消瘦，食欲减退，体重降低，贫血
锰	是多种酶的辅因子，是丙酮酸羧化酶的组成成分	幼禽骨短粗症，或滑腱症，蛋鸡蛋壳品质下降，脂肪肝
锌	是多种酶和激素的成分，对鸡的繁殖和新陈代谢有重要作用	发生皮肤和角膜病变，同时表现食欲不振，采食量下降，肚胎畸形，胫骨粗短
碘	是甲状腺素的重要成分	生长受阻，繁殖力下降
硒	是谷胱甘肽的组成成分	幼禽表现渗出性素质、白肌病和胰脏变性
钼	是黄嘌呤氧化酶的必需成分	抑制生长，红细胞溶血严重，死亡率高，羽毛呈结节状

2. 钙、磷和镁 饲料原料中含有一定量的镁，一般不会造成缺乏。植物性饲料原料中虽然含有一定量的钙、磷，但是所含 2/3 左右的磷是以植酸盐的形式存在，不能被动物直接利用，需要添加无机磷才能满足需要，在饲料中加入植酸酶可以利用有机磷。钙、磷的需要与鸡的发育有关，雏鸡钙、磷不足可造成佝偻病；成年鸡需要钙、磷较多，钙、磷不足时发生胫骨和软骨发育不良，腿部和龙骨弯曲。生长鸡一般要求钙与可利用磷的比例为 2∶1。钙的需要量还与蛋鸡的产蛋率有关，母鸡产蛋期，由于钙需要量上升，从骨骼中动用钙的贮存，同时也释放一定量的磷，因而产蛋母鸡需要钙较高，磷相对减少，钙与可利用磷比例一般为 8～10∶1，最高可达到 12∶1。

由于产蛋期母鸡动用骨骼中贮存的钙，因而在母鸡产蛋前需要贮存一定量的钙，即 18 周龄开始需将饲料钙的含量提高。日粮中钙过多会影响其他矿物质元素（磷、镁、锰、锌）的利用，钙含量过高的饲料适口性较差，会降低采食量，还会造成肾脏病变、内脏痛风、生长受阻和性成熟推迟，甚至发生死亡。

3. 钠、钾、氯 钠、钾、氯均是电解质，主要功能是维持体内的酸碱平衡、渗透压平衡、参与水代谢。植物性饲料中钠的含量很低，钾含量相当高，必须从饲料中添加食盐以满足钠、氯的需要。钠、钾、氯的需要量与正常电解质平衡有关，即饲料中总的阴阳离子平衡。

炎热季节，由于鸡呼吸喘气排出大量的二氧化碳，造成血液中 pH 值升高，需要补充电解质以缓解热应激。

4. 微量元素 饲料原料中虽然含有一定量的微量元素，但仅靠饲料原料供给微量元素是不够的，需要额外添加。但是过量添加会引起中毒，甚至死亡。

（五）水

水是动物机体组成成分，对鸡体内正常的物质代谢有着特殊的作用。水对保护细胞的正常形态、维持渗透压和体内酸碱平衡起重要作用。缺水和长期饮水不足，会使机体健康受损，生长发育不良或体重下降，产蛋迅速下降，蛋壳变薄，蛋重减轻。当机体水分减少 8%时，即会出现严重的干渴感觉，引起食欲丧失，消化作用减缓，抵抗疾病能力降低。体内水分损失 20%以上时，即可引起死亡。水是机体的一种重要溶剂并参与体内代谢，各种营养物质的消化、吸收、输送和代谢及其产物的排出都离不开水。水是各种消化酶的组成成分。

水还是体内调节体热的重要物质。鸡无汗腺，炎热季节主要靠加快呼吸呼出水蒸气进行散热，因而夏天鸡的饮水量会大大增加。

二、营养物质需要量

(一)蛋白质需要量

实验证明(王尧春等，1996)，节粮型蛋鸡采食量低，粪便中氮的存留显著低于普通蛋鸡，这就证明其对饲料中蛋白质的利用率要高于普通蛋鸡。但是，节粮型蛋鸡对饲料中蛋白质的质量要求稍高一些。产蛋期每只鸡每天摄入 14.5 克的粗蛋白质就能满足需要。如果采食量 85 克，则饲料中粗蛋白质浓度需要 17%；如果采食量 92 克，饲料中粗蛋白质的浓度 15.7%就能满足 90%产蛋率的需要。在氨基酸需要量方面，节粮型蛋鸡对蛋氨酸的需要量要稍高一些，产蛋高峰期每只鸡每天需要摄入 0.36 克，采食量 92 克的情况下饲料中蛋氨酸的浓度一般在 0.4%。生长鸡阶段，为了促进鸡体发育和体重达标，饲料中的赖氨酸含量也比普通蛋鸡稍高。

(二)代谢能需要量

实验证明，在室温 20℃的情况下，蛋重保持 55 克，鸡的体重不发生变化，节粮型蛋鸡每只每天需要 1.21 兆焦的代谢能，就能满足维持 90%产蛋率的要求。冬季如果鸡舍的温度比较低，建议饲料中代谢能含量提高到 11.51 兆焦/千克；夏季天气比较热，开放式鸡舍建议饲料中代谢能降低到 11.09 兆焦/千克，春、秋季节保持 11.3 兆焦/千克。雏鸡采食量低，饲料中代谢能应保持 11.92 兆焦/千克。

(三)维生素需要量

由于节粮型蛋鸡的采食量比普通型蛋鸡低30%左右,要保证每只鸡每天各种维生素的摄入量达到和普通型蛋鸡一样的量,饲料中维生素的浓度至少要提高30%。矮小型蛋鸡对钙、磷的需求量高于普通蛋鸡。奥斯汀斯(Austins)1977年试验显示,矮小型基因能使来航鸡灰分明显降低,轻型矮小型鸡易患佝偻病。因此,轻型矮小型鸡需要较高的钙、磷比例。为了促进钙、磷的吸收,饲料中的维生素 D_3 的水平也需要适当提高。表5-4列出的维生素含量是节粮型蛋鸡的最低需要量,实际生产中的B族维生素的添加量要在此基础上增加3~5倍的安全量。

(四)矿物质需要量

节粮型蛋鸡矿物质需要量的研究数据还很有限,但对产蛋期钙的需要量研究结果显示,3.75%的钙水平对提高蛋壳质量、维持较高的产蛋性能以及防止龙骨弯曲等方面显著高于低钙水平组。表5-4中其他矿物质需要量借鉴NRC数据。

表5-4　节粮型蛋鸡商品代营养需要量

营养成分	单　位	0~9周	10~13周	14~18周	产蛋期	
		体重500克	体重750克	体重1050克	日采食92克	日采食85克
代谢能	兆焦/千克	11.92	11.30	11.30	11.30	11.51
粗蛋白质	%	18.5	16.5	16.0	15.7	17.0
精氨酸	%	1.20	0.95	0.72	0.70	0.88
赖氨酸	%	0.90	0.70	0.55	0.69	0.86

续表 5-4

营养成分	单　位	0～9 周	10～13 周	14～18 周	产 蛋 期	
		体重 500 克	体重 750 克	体重 1050 克	日采食 92 克	日采食 85 克
蛋氨酸	%	0.40	0.34	0.34	0.40	0.43
蛋+胱氨酸	%	0.75	0.60	0.45	0.65	0.78
色氨酸	%	0.20	0.16	0.12	0.16	0.20
苏氨酸	%	0.70	0.55	0.42	0.47	0.59
亚油酸	%	0.6	0.5	0.5	1.0	1.25
钙	%	1.0	0.90	0.75	3.75	3.85
有效磷	%	0.50	0.45	0.40	0.25	0.31
氯	%	0.15	0.14	0.14	0.13	0.16
镁	%	0.05	0.05	0.05	0.05	0.06
钠	%	0.20	0.17	0.17	0.15	0.19
钾	%	0.05	0.05	0.05	0.15	0.19
铜	毫克	4	3	2	3	3
碘	毫克	0.8	0.6	0.6	0.035	0.044
铁	毫克	40	30	30	45	56
锰	毫克	40	30	20	20	25
硒	毫克	0.09	0.09	0.09	0.06	0.08
锌	毫克	55	40	40	35	44
维生素 A	单位	8000	6000	6000	4500	4750
维生素 D_3	单位	2000	2000	2000	500	600
维生素 E	单位	20	15	15	8	10
维生素 K	毫克	4	3	3	0.8	1.0

续表 5-4

营养成分	单 位	0～9 周	10～13 周	14～18 周	产 蛋 期	
		体重 500 克	体重 750 克	体重 1050 克	日采食 92 克	日采食 85 克
维生素 B_{12}	毫克	0.008	0.006	0.006	0.006	0.006
生物素	毫克	0.1	0.075	0.075	0.12	0.15
胆碱	毫克	320	240	240	1050	1310
叶酸	毫克	0.6	0.45	0.45	0.40	0.43
烟酸	毫克	32	24	24	15.0	16.0
泛酸	毫克	8	6	6	2.5	2.7
吡哆醇	毫克	2	1.5	1.5	3.0	3.3
核黄素（维生素 B_2）	毫克	4	3	3	3.0	3.3
硫胺素（维生素 B_1）	毫克	2	1.5	1.5	1.0	1.0

（五）种鸡的营养需要

在节粮型蛋鸡的配套系中，父母代母鸡都是普通体型。因此，在营养需要上和普通蛋种鸡相同。种鸡的大多数营养物质的需要量与商品蛋鸡一样，但是满足产蛋的微量元素和维生素的需要量可能难以满足胚胎发育的需要。提高日粮中维生素和微量元素可增加蛋中这些营养物质的含量。蛋中高水平的核黄素、泛酸和维生素 B_{12} 对提高孵化率特别重要，所以种鸡饲料中某些微量成分的需要量比商品代蛋鸡要高（表 5-5）。

表 5-5 每天 100 克采食量种鸡维生素和微量元素的浓度

营养成分	单位	需求量	营养成分	单位	需求量
维生素 A	单位	3000	铜	毫克	3
维生素 D_3	单位	300	碘	毫克	0.1
维生素 E	单位	11	铁	毫克	60
维生素 K	毫克	1	锰	毫克	20
维生素 B_{12}	毫克	0.08	硒	毫克	0.06
生物素	毫克	0.1	锌	毫克	45
胆碱	毫克	1050			
叶酸	毫克	0.35			
烟酸	毫克	10			
泛酸	毫克	7			
吡哆醇	毫克	4.5			
核黄素(维生素 B_2)	毫克	3.6			
硫胺素(维生素 B_1)	毫克	0.7			

三、常用饲料原料

现代养鸡使用的是全价配合饲料。全价配合饲料是由多种饲料原料按一定比例混合而成,有时还需要加入一些非营养性添加剂。饲料原料按其营养物质分为五类,即能量饲料、蛋白质饲料、矿物质饲料添加剂、维生素饲料添加剂和非营养性添加剂。常用饲料及其营养成分含量参见中国农业科学院畜牧研究所的中国饲料数据库。

(一)能量饲料

1. 高能饲料 主要有豆油、玉米油、花生油、菜籽油、棕榈油等油脂。

2. 一般能量饲料 主要有玉米、小麦、高粱等子实，玉米是用量最大的能量饲料。

3. 低能量饲料 主要有米糠、麸皮、糟渣、草粉和植物根茎等，常用的是麸皮。

(二)蛋白质饲料

1. 动物性蛋白质饲料 包括鱼粉、肉骨粉、蚕蛹粉、血粉、羽毛粉、皮革粉和饲料酵母等，常用的是鱼粉和饲料酵母。

2. 植物性蛋白质饲料 榨油工业的副产品，如豆饼(粕)、花生饼(粕)、菜籽饼(粕)、棉籽饼(粕)等各种饼粕类饲料，以豆饼(粕)消化率最高，是最好的植物性蛋白质饲料。

3. 食品工业的副产品 如豌豆粉渣、绿豆粉渣、玉米蛋白粉等，都含有很高的蛋白质。

(三)矿物质饲料

1. 种 类

(1)碳酸盐类 碳酸钙、碳酸亚铁、碳酸铜、碳酸锰、碳酸锌等。

(2)硫酸盐类 硫酸亚铁、硫酸铜、硫酸锰、硫酸锌等。

(3)氧化物 氧化锰、氧化锌等。

(4)氯化物 氯化铁、氯化锌、氯化铜等。

(5)其他原料 骨粉、磷酸钙、碘化钾等。

2. 矿物质饲料中各种元素的含量 见表5-6。

表 5-6 常用矿物质饲料及营养元素含量

饲料名称	化学式	营养元素及含量(%)
骨　粉		Ca=31～32　P=13～15
石灰石	$CaCO_3$	Ca=36
贝　壳		Ca=34.76　P=0.02
磷酸氢钙	$CaHPO_4 \cdot 2H_2O$	P=18.0　Ca=23.2
磷酸钙	$Ca_3(PO_4)_2$	P=20.0　Ca=38.7
硫酸亚铁(7 结晶水)	$FeSO_4 \cdot 7H_2O$	Fe=20.1　S=11.5
硫酸铜(5 结晶水)	$CuSO_4 \cdot 5H_2O$	Cu=25.6　S=12.8
硫酸钴(7 结晶水)	$CoSO_4 \cdot 7H_2O$	Co=20.1　S=11.4
碳酸钴	$CoCO_3$	Co=49.6
硫酸镁(7 结晶水)	$MgSO_4 \cdot 7H_2O$	Mg=9.8　S=13.0
氧化镁	MgO	Mg=60
硫酸锰(7 结晶水)	$MnSO_4 \cdot 7H_2O$	Mn=22.8　S=13.3
碘化钾	KI	I=76.8　K=23.2
亚硒酸钠(5 结晶水)	$Na_2SeO_3 \cdot 5H_2O$	Na=17.5　Se=30.0
硒酸钠(10 结晶水)	$Na_2SeO_4 \cdot 10H_2O$	Na=12.5　Se=21.4
硫酸锌(7 结晶水)	$ZnSO_4 \cdot 7H_2O$	Zn=22.6　S=11.1
氧化锌	ZnO	Zn=80.2

(四)维生素补充饲料

虽然各种谷物饲料原料中含有一定量的维生素，但由于受加工方式和贮存的影响，其含量表现出较大的差异。一般新鲜青绿饲料维生素含量较高，能提供一定量的维生素。草粉维生素含量较高，可以作为补充维生素的原料，但是鸡对草粉的消化吸收能力很差。大多数谷物饲料经过暴晒或长期贮存后，维生素含量下降。因此，一般饲料配方中对饲料原料中的维生素含量不予考虑，而完全靠外加人工合成维生素来满足鸡的需要。

由于维生素不稳定，在贮存过程中，有些维生素易受环境中光、热等因素的影响，所以在全价饲料中随着贮存时间的延长表现出效价下降。饲料企业提供的饲料中维生素的含量比表 5-4 和表 5-5 中最低含量高出 3～5 倍，以保证饲料经过短期贮运后维生素的含量仍能满足需要。

(五)非营养性添加剂

1. 抗氧化剂 防止脂肪和脂溶性维生素(维生素 A，维生素 D，维生素 E，维生素 K)的氧化变质。抗氧化剂有乙氧喹啉、丁基化羟基甲苯(BHT)、丁基化羟基苯甲醚(BHA)，抗氧化剂的用量一般为 115 克/吨饲料。

2. 防霉剂 抑制霉菌生长，防止饲料发霉。常用的有丙酸钠、丙酸钙等，添加剂量分别是 2.5 克/吨饲料和 5 克/吨饲料。

3. 促生长剂 抑制有害细菌的生长，同时对鸡的生长有促进作用。常用的促生长剂名称和用量见表 5-7。不同的国家和地区对促生长剂的限制不同，而且随着各国政府对人民健康的考虑，一些抗生素类促生长剂被严格限制使用，其中包括表 5-7 中的泰乐霉素、红霉素等，实践中应注意农业部的公告，避免使用违禁药物。

表 5-7　常用促生长剂名称和用量

名　称	用量(克/吨饲料)	名　称	用量(克/吨饲料)
杆菌肽锌	4～50	土霉素	5～7.5
金霉素	10～50	青霉素	2.4～50
红霉素	4.6～18.5	泰乐霉素	4～50

4. 酶制剂　酶制剂可以说是当今饲料工业的热点，使用也比较安全。日粮中的碳水化合物、蛋白质、脂肪等都需要经过内源酶分解再被家禽吸收。因此，在饲料中添加一些从细菌、真菌和其他微生物中提取制成的复合酶制剂，可以有效地提高对各种营养成分的吸收和利用。复合酶制剂包括淀粉酶、蛋白酶、脂肪酶以及纤维素酶等。

在酶制剂中，植酸酶的研究和应用可以说最广泛。在植物性饲料中，虽然含有大量的磷，但是2/3左右是以植酸磷的形式存在。家禽缺乏分解植酸磷的植酸酶，因而植物饲料中的植酸磷不能被消化吸收利用。植酸磷被鸡排出体外还对环境造成污染。植酸酶能分解饲料中的植酸磷为鸡可以吸收的游离磷，因而饲料中不必添加无机磷。饲料中添加植酸酶，可以避免添加磷酸氢钙可能造成的氟中毒，或添加骨粉可能造成的沙门氏菌感染，同时也避免了环境污染。

5. 菌制剂　菌制剂又称EM，即有益微生物。在饲料中添加EM可以抑制家禽体内的有害菌，提高鸡的抗病力，同时对提高饲料利用率也有一定作用。另外，还可减少氨和其他有害气体的产生，对改善环境有一定作用。

6. 抗球虫药　主要用于地面散养的鸡群。由于地面平养鸡接触粪便，易感染球虫。由于一些抗球虫药具有生长促进剂的作用，所以在饲料中被广泛应用。多数抗球虫药物在鸡体内有残留，对人类健康不利，应根据有关规定和鸡群发病情况慎重添加。阿维菌素及其系列产品是新研制的抗虫药物，而且低毒无残留，是理想的抗球虫药物，但是也不能经常添加。

四、商品饲料

(一)预 混 料

预混料就是将维生素、微量元素、部分氨基酸和部分常量元素按一定比例混合在一起，在配置全价料时按一定比例加入。虽然预混料在饲料中占的比例少，但是作用大，是饲料的精华部分。根据在饲料中的添加量，商品饲料有1%～5%的预混料，其中 2%和 4%预混料常用。预混料是目前销售厂家最多的饲料种类，因为它需要的场地、人员等方面相对较少，单位产量的利润较高。预混料的主要组成成分见表 5-8。

表 5-8 几种主要商品预混料及全价料的组成成分

序号	1%预混料	2%～6%预混料	浓缩料	全价料
1	多种维生素	多种维生素	多种维生素	多种维生素
2	微量元素	微量元素	微量元素	微量元素
3	氨基酸	氨基酸	氨基酸	氨基酸
4	药物及非营养性添加剂	药物及非营养性添加剂	药物及非营养性添加剂	药物及非营养性添加剂
5	食盐	磷酸氢钙	磷酸氢钙	磷酸氢钙
6	少量载体	食盐、少量石粉	食盐	食盐

续表 5-8

序号	1%预混料	2%～6%预混料	浓缩料	全价料
7	—	载体	石粉	石粉
8	—	其他	蛋白质饲料（饼粕等）	蛋白质饲料（饼粕等）
9	—	—	油脂	油脂
10	—	—	其他	能量饲料（玉米等）
11	—	—	—	其他

养殖场如果自己有饲料加工设备，只要从信誉好的厂家购进1%预混料，就可以省去购买多种维生素和微量元素的麻烦，只要能混匀，配出的饲料质量一般有保障，价格也合适。磷酸氢钙中含氟容易超标，而氟超标对鸡的骨骼、蛋壳质量有不良影响。如果不能买到可靠的磷酸氢钙，可以购买2%以上的预混料。2%预混料和1%预混料的主要区别就是有磷。

(二)浓缩料

浓缩料也叫料精，是在预混料的基础之上加入蛋白质饲料、石粉、油脂等原料，按一定比例混合而成。蛋白质饲料主要有豆饼(粕)、鱼粉、花生饼(粕)、棉籽饼(粕)、玉米蛋白粉等。根据其在全价料中的比例，各公司浓缩料的用量从25%到40%不等。使用35%～40%浓缩料的用户，只需要再加入玉米就可以了。使用35%以下的浓缩料用户，除了另外加入玉米外，有时还需要加入一些蛋白质饲料、麸皮或部分食盐等原料。

由于浓缩料的生产厂家加入了油脂，所以配出的饲料能量值较高，这对于没有添加油脂能力的养殖户确实很方便。用它配出的全价饲料质量较高，价格也比直接购买全价料便宜，所以越来越受到农村养殖户的欢迎。

（三）全价饲料

全价饲料指营养全面，可以直接饲喂的饲料。与浓缩饲料相比，全价饲料是在其基础上加入玉米或玉米和石粉混合而成。一般全价饲料的用量比较大，长途运输成本增加较多，而玉米和石粉都是比较便宜和容易买到的原料。一般供应全价饲料的厂家与用户的距离不超过 200 千米。

五、饲料配合与参考饲料配方

除了全价饲料可以直接饲喂之外，预混料和浓缩料需要与其他饲料原料按一定比例配制成全价饲料才能使用。

（一）拟定饲料配方必须遵循的原则

1. 满足营养原则　任何配方都必须根据所做配方对象的营养需要而设计，要满足设计对象对各营养物质的需要量。

2. 营养平衡（尤其是氨基酸平衡）原则　有些饲料，如花生饼（粕），虽然赖氨酸和蛋氨酸的比例适合鸡的营养要求，但如与玉米和高粱等低赖氨酸饲料搭配，则另需要选用含赖氨酸很高的饲料原料或补加赖氨酸，否则会造成赖氨酸缺乏。此外，花生饼（粕）中精氨酸含量很高，需与含量低的饲料如菜籽饼、鱼粉或血粉进行搭配，否则会导致精氨酸含量过高，拮抗赖氨酸的吸收。

3. 安全许可原则 鸡的饲料原料中，如菜籽饼（粕）、棉籽饼（粕）等，含有一定量的有毒物质，如果未进行脱毒处理，用量不能过大。尤其是雏鸡和种鸡的饲料中，应尽量少用或不用。表 5-9 列出了常用饲料原料的限制用量。

表 5-9 常用饲料原料限制用量

原料	雏鸡	育成鸡	产蛋鸡	种鸡
生豆饼	—	—	—	—
棉籽饼	—	3%～7%	3%～7%	—
菜籽饼	—	3%～10%	3%～10%	—
大麦	—	15%～30%	10%	—
麸皮	5%～8%	15%～25%	5%～8%	5%～8%
燕麦	10%～20%	10%～20%	10%～20%	10%～20%
米糠	—	5%～25%	5%～25%	—
羽毛粉	—	—	1%～3%	—
亚麻饼（粕）	—	＜10%	—	—
蚕蛹粉	—	5%	—	—

注：此表中“—”表示不允许使用

4. 易消化原则 有的饲料原料中含有很高的粗纤维，如麦麸和未全脱壳的向日葵饼，雏鸡很难消化，应尽量少用。

5. 低成本原则 饲料成本占总生产成本的 70%以上，因而配制饲料时既要营养全面，又要注意降低成本。价格过高的饲料原料尽量少用。选料时要因地制宜，方便购买。

（二）参考饲料配方举例

在根据小型蛋鸡营养需求制定饲料配方时，各地区可以使用的饲料原料都不尽相同，但是配合出的饲料必须能够满足小型蛋鸡的营养需要。在使用预混料时，对维生素等容易失效的营养物质要有足够的富余量。下面是几个用不同比例预混料制作的参考饲料配方。同种原料在不同地区、不同季节营养物质含量有差异，应当在原料化验的基础上制定饲料配方。表 5-10，表 5-11，表 5-12 和表 5-13 的配方只供参考，读者可以根据当地原料适当进行调整。

表 5-10　参考饲料配方之一　（%）

原料名称	雏　鸡（0～9 周龄）		育成鸡（10～18 周龄）		产蛋鸡（19～72 周龄）	
玉　米	65.5	63.5	61	63	60	58
豆　粕	26	30	15.5	19	21	22
鱼　粉	2	—	2	—	1	—
棉籽粕或菜籽粕	3	3	5	4	5	7
麦　麸	—	—	12	9.5	—	—
磷酸氢钙	1.0	1.0	1.5	1.5	2.15	2.15
食　盐	0.35	0.35	0.35	0.35	0.35	0.35
植物油	—	—	—	—	1	1
石　粉	1.15	1.15	1.65	1.65	8.5	8.5
1%预混料	1	1	1	1	1	1

注：1%预混料中除了含有维生素、微量元素外，雏鸡和育成鸡料中含赖氨酸，产蛋鸡料含蛋氨酸

表 5-11　参考饲料配方之二 （%）

原料名称	雏　鸡（0～9 周龄）		育成鸡（10～18 周龄）		产蛋鸡（19～72 周龄）	
玉　米	66	66	64	63	61.5	62
大豆粕	26	30	18	25	17	26.5
鱼　粉	2	—	—	—	1	—
棉籽粕或菜籽粕	2	—	8	—	8	—
植物油	—	—	—	—	—	1
麦　麸	—	—	6	8	2	—
石　粉	2	2	2	2	8.5	8.5
2%预混料	2	2	2	2	2	2

表 5-12　参考饲料配方之三 （%）

原料名称	雏　鸡（0～9 周龄）	育成鸡（10～18 周龄）	产蛋鸡（19～72 周龄）	
玉　米	66	64	62	60
大豆粕	30	18	25	19
鱼　粉	—	—	1	—
棉籽粕或菜籽粕	—	8	—	8
大豆油	—	—	—	1
麦　麸	—	6	—	—
石　粉	—	—	8	8
4%预混料	4	4	4	4

表 5-13　参考饲料配方之四　(%)

原料名称	雏　鸡 (0～9 周龄)	育成鸡 (10～18 周龄)	产蛋鸡 (19～72 周龄)	
玉　米	66	65	62	60
大豆粕	29	22	25	18
杂粕或菜籽粕	—	—	—	8
大豆油	—	—	—	1
麦　麸	—	8	—	—
石　粉	—	—	8	8
5%预混料	5	5	5	5

注:种鸡饲料可在此基础上调整,最重要的是产蛋期预混料要换成种鸡的预混料。另外,种鸡的饲料中棉籽粕、菜籽粕等原料尽量不用或少用

(三)设计饲料配方注意事项

第一,首先考虑日粮中代谢能和粗蛋白质的需要量以及两者的比例是否适宜,然后再看钙、磷含量是否满足需要以及是否平衡,最后再调整维生素和微量元素的需要量。在配合日粮时一般对原料中的维生素不予考虑,完全靠添加来满足需要。

第二,由于饲料原料品种不同,来源不同,含水量、贮存时间不同,营养成分经常发生变化。大型饲料厂能够对每批原料都要进行主要营养物质测定,在配合饲料时按测定值进行计算,建议鸡场使用大饲料公司的配合饲料。一般养殖场不可能对每批原料进行化验,只能参照公布的饲料营养成分表进行计算。在配制日粮时要加上安全系数,以保证应有的营养物质含量,但是安全系数也不能太大,以免造成浪费。

第三，在条件允许的情况下，尽可能使用种类比较多的原料，以达到营养物质互补（主要是氨基酸互补）的作用，降低饲料成本。

第四，既要求饲料质量好，适口性强，同时也要兼顾价格，使用一些便宜的原料。对一些有用量限制的原料要严格控制使用量，如棉籽粕、高粱等，避免图便宜而造成对动物的伤害。

第五，每次配制的总饲料量不要超过1个月的用量，以免长期贮存降低营养成分的含量，尤其是维生素的含量。

第六，饲料配方要相对稳定，如需更换饲料最好采用逐渐过渡的方法，以免引起食欲下降和消化障碍。

第六章　饲养工艺与饲养环境

一、节粮型蛋鸡的饲养设备

养鸡的设备关系到鸡群的生产水平和管理水平。我国大部分鸡场由于投资的限制，设备比较简陋，影响到生产水平的发挥。随着我国养鸡水平的提高，需要在养鸡设备方面加大投入。饲养节粮型蛋鸡严格来讲需要专用设备，但是由于此方面的研究比较少，很多养殖户现有的设备还没有到淘汰更新的时候，所以大多数养殖户还使用普通轻型蛋鸡的饲养设备。

(一)环境控制设备

1. 光照设备　雏鸡和产蛋鸡都需要补充光照。照明设备除了光源之外，主要是光照自动控制器，光照自动控制器的作用是能够按时开灯和关灯。目前我国已经生产出鸡舍用光控器，有石英钟机械控制和电子控制两种，使用效果较好的是电子显示光照控制器。它的特点是：①开关时间可任意设定，控时准确；②光照强度可以调整，光照时间内日光强度不足，补充光照系统可自动启动；③灯光渐亮和渐暗；④停电程序不乱。

2. 通风设备　通风设备的作用是将鸡舍内的污浊空气、湿气和多余的热量排出，同时补充新鲜空气。鸡舍内常用的通风设备是风机，一般采用大直径、低转速的轴流风机。目前国产纵向通风的轴流风机(图6-1)的主要技术参数是:流量31 400 米^3/时(m^3/h),风压39.2 帕(Pa),叶片转速 352 转/分(r/min),电机功率 0.75 瓦(W),噪声不大于 74 分贝(dB)。国外生产的风机外形规格虽然小,但是通风量比国产风机不小。

图 6-1 轴流风机

3. 湿帘风机降温系统 湿帘(又称湿垫)风机降温系统的主要作用是夏季空气通过湿帘进入鸡舍,可以降低进入鸡舍空气的温度,起到降温的效果。湿帘风机降温系统由纸质波纹多孔湿帘(图 6-2)、湿帘冷风机、水循环系统及控制装置组成(图 6-3)。在夏季,空气经过湿帘进入鸡舍可降低舍内

图 6-2 纸质波纹多孔湿帘

温度 5℃～8℃，尤其在我国华北干热地区湿帘降温系统的降温效果非常理想。

图 6-3　水循环系统及控制装置

4. 热风炉供暖系统　热风炉供暖系统(图 6-4)主要由热风炉、轴流风机、有孔通气管和调节风门等设备组成。它是以空气为介质，煤为燃料，为空间提供无污染的洁净热空气，用

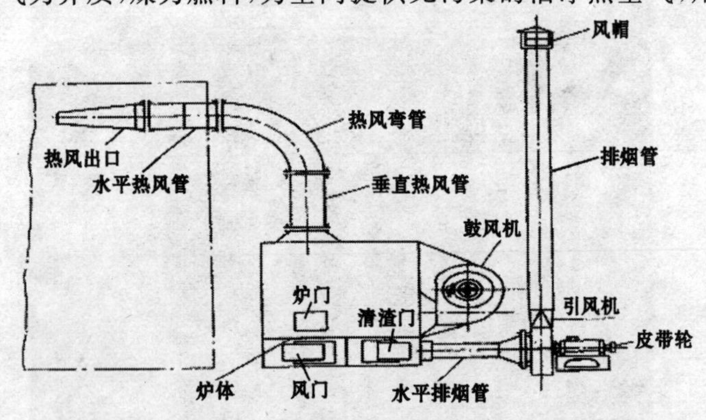

图 6-4　热风炉供暖系统(卧式)

于鸡舍的加温。该设备结构简单、热效率高、送热快、成本低。

5. 电热育雏伞 在网上或地面散养雏鸡时，采用电热育雏伞具有良好的加热效果，可以提高雏鸡体质和成活率。电热育雏伞的伞面由隔热材料组成，表层为涂塑尼龙丝伞面，保温性能好，经久耐用。伞顶装有电子控温器，控温范围 0℃～50℃，伞内装有埋入式远红外陶瓷管加热器，同时设有照明灯和开关。电热育雏伞外形有直径 1.5 米、2 米和 2.5 米 3 种规格，可分别育雏 300 只、400 只和 500 只。另外，还有使用煤气或天然气做能源的育雏伞（图 6-5），使用效果也不错。

图 6-5 电热育雏伞

（二）饲养笼具

1. 雏鸡笼

（1）*层叠式电热育雏笼* 9DRYC 电热育雏器是目前国内普遍使用的笼养育雏设备。电热育雏器由加热育雏笼、保温育雏笼和雏鸡运动场三部分组成，每一部分都是独立的整体，可以根据房舍结构和需要进行组合。如采用整舍加热育雏，可单独使用雏鸡运动场；在温度较低的地方，可适当减少运动场，而增加加热和保温育雏笼。

电热育雏笼的规格一般为 4 层，每层高度 330 毫米，每笼面积为 1 400 毫米×700 毫米，层与层之间是 700 毫米×700 毫米的承粪盘，全笼总高度 1 720 毫米。通常每架笼采用 1 组加热笼、1 组保温笼、4 组运动场的组合方式，外形总尺寸为高 1 720 毫米、长 4 340 毫米、宽 1 450 毫米。

使用这种笼具商品代鸡可以饲养到 10 周龄，种鸡可以饲养到 7 周龄。

(2)育雏育成一段式鸡笼　小型养鸡场由于受到场地条件的限制，多采用两段式饲养方式，即雏鸡直接饲养到 100 天左右，然后直接上蛋鸡笼。这种笼具有层叠式(图 6-6)和阶梯式(图 6-7)两种，前网能够根据鸡的大小进行调节。层叠式一般为 3 层，每层之间有隔粪板或传送带，刚开始阶段雏鸡

图 6-6　层叠式育雏育成笼

放在第一层，随着鸡群需要的温度的降低和鸡的生长，逐渐向第二层和第三层疏散。阶梯式笼具的好处是鸡粪直接落到地面，缺点是占地面积大，较适合中小型鸡场使用。每平方米可饲养育成鸡 25 只。

图 6-7 阶梯式育雏育成笼

2. 育成鸡笼 采用三段式饲养时需要用育成鸡笼(图 6-8)。使用育成鸡笼可以提高育成鸡的成活率和均匀度，增加舍饲密度和便于管理。一般育成鸡笼为 3～4 层，6～8 个单笼。每个单排笼规格为 1 875 毫米×440 毫米×330 毫米，可饲养育成鸡 20 只。随着育雏育成一段式饲养工艺的推广，单独的育成鸡笼使用将逐渐减少。

3. 产蛋鸡笼 我国目前生产的产蛋鸡笼主要有饲养白壳蛋鸡的轻型蛋鸡笼和饲养褐壳蛋鸡的中型蛋鸡笼。轻型蛋鸡笼一般由 4 格组成一个单笼，每格养鸡 4 只。单排笼长 1 875毫米、笼深 325 毫米，养鸡 16 只，平均每只鸡占笼底面积 381 平方厘米。中型蛋鸡笼由 5 格组成 1 个单笼，每格养

A

B

图 6-8　育成鸡笼

A. 侧面图　B. 正面图

鸡 3 只。单笼长 1 950 毫米、笼深 370 毫米，养鸡 15 只，平均每只鸡占笼底面积 481 平方厘米。这些鸡笼都可以用于饲养节粮型蛋鸡。

(1)全阶梯式鸡笼　全阶梯式鸡笼(图 6-9)一般为 2～3 层，各层之间无重叠或重叠很少。其优点是：①各层笼敞开

图 6-9　全阶梯式蛋鸡笼

面积大，通风好，光照均匀；②清粪作业比较简单；③结构较简单，易维修；④机器故障或停电时便于人工操作。其缺点是饲养密度较低，一般为10～12只/米^2。蛋鸡3层全阶梯式鸡笼和种鸡2层全阶梯鸡笼是我国目前应用最多的鸡笼组合形式。

(2)半阶梯式鸡笼　半阶梯式鸡笼上下层之间部分重叠，重叠部分有挡粪板，挡粪板按一定角度安装，粪便可滑入粪坑。其舍饲密度(15～17只/米^2)较全阶梯式高，但是比层叠式低。由于挡粪板的阻碍，通风效果比全阶梯式稍差。

(3)层叠式鸡笼　层叠式鸡笼上下层之间为全重叠，层与层之间有输送带将鸡粪清走(图6-10)。其优点是舍饲密度

图6-10　层叠式蛋鸡笼

高，3层全重叠式饲养密度为16～18只/米^2，4层全重叠式饲养密度为18～20只/米^2。层叠式鸡笼的层数可以达到8层以上，适合于机械化程度高的鸡场，饲养密度可以大大提高，能降低鸡场的占地面积，提高饲养人员的生产效率。但是对

鸡舍建筑、通风设备和清粪设备的要求较高。发达国家的蛋鸡场现在一般都采用这种形式，我国只有极少数机械化鸡场采用该工艺。

4. 节粮型蛋鸡专用笼

(1)节粮型蛋鸡体尺的测量　普通蛋鸡笼是按照普通来航鸡或中型蛋鸡的体尺设计的，在很多方面不适合节粮型蛋鸡。体尺是鸡笼设计的基础。因此，在设计节粮型蛋鸡笼之前，必须对这类鸡的体尺进行测量。测量的项目主要是和笼具设计有关的一些项目，如头宽、体长、体宽、背高、自然体高，爪的长宽和体重等。测量的结果见表 6-1。

表 6-1　节粮型蛋鸡体尺测量结果

鸡　别	体　重（克）	体　长（厘米）	体　宽（厘米）	背　高（厘米）	体　高（厘米）	爪面积（厘米^2）	头　宽（厘米）
母　鸡	1517±103	31.7±1.5	11.3±1.0	21.6±1.4	30.1±1.9	(6.7±0.7)×(6.5±0.6)	3.5±0.3
公　鸡	1913±155	34.7±2.0	13.2±0.5	25.4±0.7	38.5±2.2	(8.3±0.8)×(7.4±0.5)	3.6±0.2

(2)鸡笼设计

①设计思想　节粮型蛋鸡笼必须满足节粮型蛋鸡的生理、行为和生产的需要；有合理的饲养密度，鸡生活在里面既不感觉拥挤又能充分利用空间；能够满足人工操作的要求。

普通型褐壳蛋鸡的成年体重为 2 千克左右，普通型白壳蛋鸡的体重为 1.7 千克左右。从表 6-1 节粮型蛋鸡体尺测量的结果看，这类鸡的体重明显比普通鸡小，使用原有的普通蛋鸡笼饲养是不适合的。主要表现在底网丝间距大，节粮型蛋鸡站在上面不舒服，长期生活会造成爪变形，不能正常站立；

滚蛋网丝间距偏大，刚转群的育成鸡容易钻出或卡住；饮水槽偏高，刚转到产蛋鸡舍的育成鸡饮水比较勉强，体重稍小的需要垫砖才能够得着。

根据在生产实践中掌握的材料，虽然节粮型蛋鸡的体重和体型比普通蛋鸡小约 25%，但是使用现有规格的鸡笼，增加每个笼中鸡的数目会造成密度过大，不能满足节粮型蛋鸡对采食、产蛋等行为对空间的需要，不利于其生产性能的发挥。如 9JL2-390 型中型蛋鸡笼每个小笼养普通型褐壳蛋鸡 3 只，总体重 6 千克左右，每只鸡的采食长度为 13 厘米。如果用它饲养节粮型蛋鸡，每小笼养 4 只，总体重和 3 只普通型褐壳蛋鸡相同，但是每只鸡的采食长度只有 9.8 厘米，而节粮型蛋鸡的体宽为 11.3 厘米，不能满足同时采食的要求。从现有普通型蛋鸡使用的各种鸡笼来看，即使不考虑增加饲养密度，也不符合节粮型蛋鸡的各种生理要求。

从另一方面看，节粮型蛋鸡的自然体高比普通鸡矮约 10 厘米，降低单笼的高度从而增加饲养层数却是可行的。因此，设计节粮型蛋鸡笼为 4 层阶梯笼。考虑到节粮型蛋鸡的体长比普通型蛋鸡短 3～4 厘米，节粮型蛋鸡笼的宽度可适当小一些，这样既不影响鸡的正常行为，又可以解决 4 层笼跨度大对人工加料、人工捡蛋的影响。

②设计参数　根据节粮型蛋鸡的体尺，参考普通蛋鸡笼的设计参数，按照上述设计思想，设计了节粮型蛋鸡专用笼。笼为 4 层阶梯笼。总装图见图 6-11，图 6-12 是隔网图，图 6-13 是底网图。整组鸡笼总宽度为 2 252 毫米，高度为 1 646 毫米，清粪距离为 230 毫米，上下笼之间重叠 108 毫米，

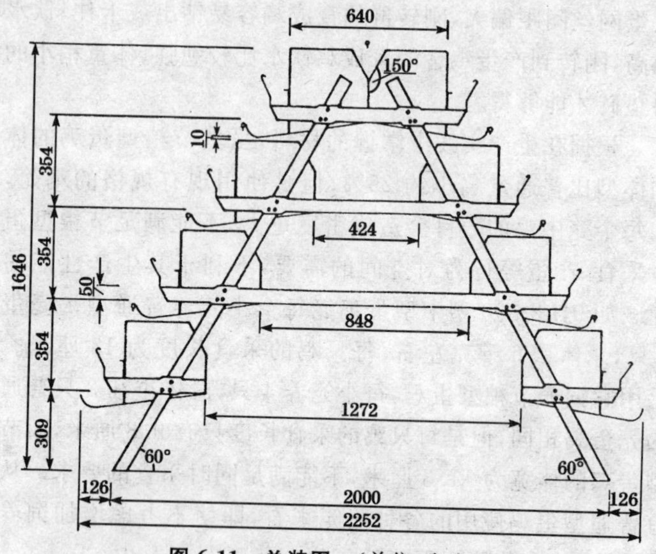

图 6-11　总装图　（单位：毫米）

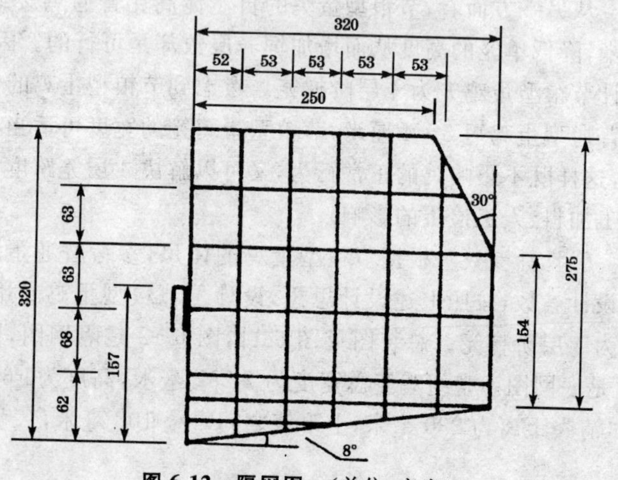

图 6-12　隔网图　（单位：毫米）

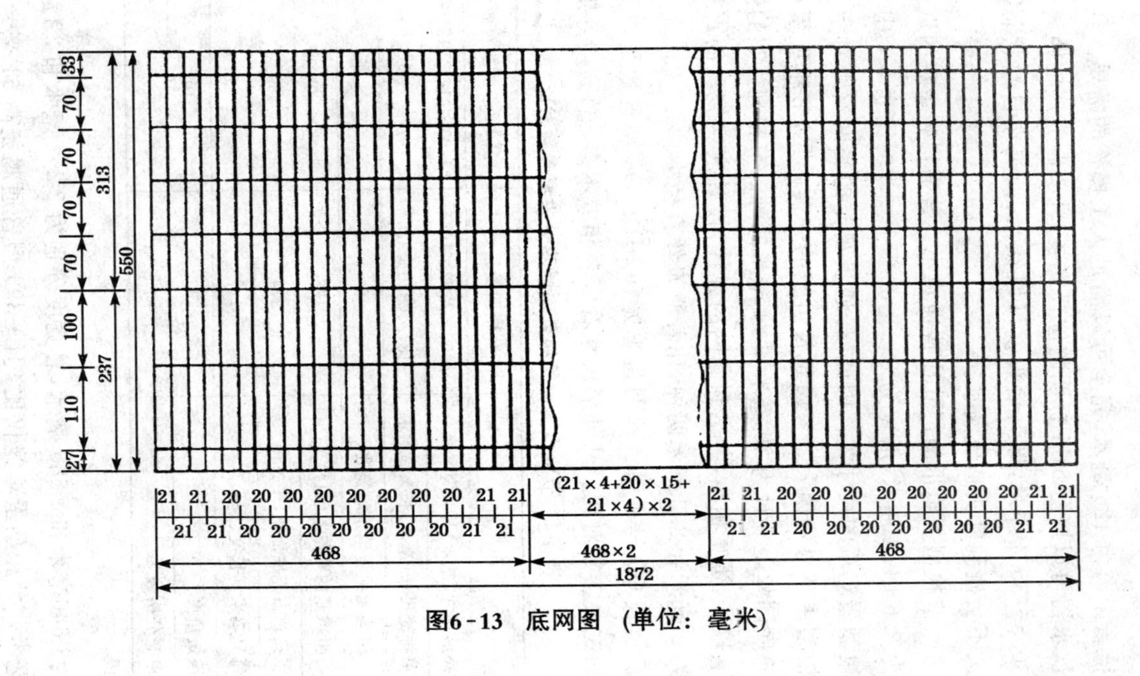

图6-13 底网图（单位：毫米）

捡蛋距离为126毫米，完全可以满足人工操作的需要。乳头饮水器可以按图6-11标明的位置安装，乳头距笼底的距离为30.5～35.4厘米，母鸡抬头就可以饮水，而鸡在自然状态下又不会碰到乳头造成滴水。

节粮型蛋鸡爪的尺寸比普通鸡小。普通褐壳蛋鸡的爪长为8.6±0.4厘米，爪宽为8.0±0.45厘米，均比表6-1中节粮型蛋鸡爪的尺寸大。因此，普通蛋鸡笼的底网丝距对于节粮型蛋鸡显然偏大。考虑到整组笼的安装效果，节粮型蛋鸡笼底网丝距设计为20毫米和21毫米两种。节粮型蛋鸡的体重较轻，蛋重稍小，考虑到底网的弹性，设计底网笼丝的直径为2毫米和2.2毫米两种，比普通笼丝直径小。

表6-2是4层节粮型蛋鸡笼和9JL1-396型普通蛋鸡笼的主要参数对比。从外形尺寸看两者相差不多，总高度分别

表6-2　节粮型蛋鸡笼和普通蛋鸡笼主要参数对比

项　目	节粮型蛋鸡笼	9JL1-396型蛋鸡笼
外形尺寸(毫米)长×宽×高	1900×2252×1646	1900×2174×1585
单排笼尺寸(毫米)长×宽×高	1872×320×320	1872×325×400
一组鸡笼配备单排鸡笼数	8	6
一组鸡笼的鸡位数(只)	128	96
每只鸡占笼底面积(平方厘米)	374	380
每只鸡采食长度(毫米)	117	117
滚蛋角度	8	10
单笼分格数	4	4

为1 646毫米和1 585毫米，总宽度分别为2 252毫米和2 174毫米。节粮型蛋鸡笼仅比9JL1-396型普通鸡笼高61毫米、

宽 78 毫米，但是装鸡数量每组笼相差 32 只。每只节粮型蛋鸡占有的笼底面积仅比普通鸡少 6 平方厘米，采食长度均为 117 毫米，按照节粮型蛋鸡的体型和体重相对普通型来航鸡是比较宽松的。

（三）自动喂料设备

1. 半自动喂料设备 中小型鸡场常采用半自动喂料设备（图 6-14），这种设备投资少、维修方便。半自动喂料设备采用两根角铁铺在走道上做轨道，用链条做动力传送，人推动料车链条带动搅龙把饲料均匀地分送到食槽中。使用半自动加料设备要求鸡群在舍内各部位分布均匀。

图 6-14 半自动喂料机

2. 全自动喂料设备 在鸡的饲养管理中，喂料耗用的劳动量较大。因此，大型机械化鸡场为提高劳动效率，采用机械喂料系统。喂料设备包括贮料塔、输料机、喂料机和饲槽等 4 个部分（图 6-15）。

贮料塔设在鸡舍的一端或侧面，用来贮存该鸡舍鸡的饲料。它用厚 1.5 毫米的镀锌钢板冲压而成。其上部为圆柱形，下部为圆锥形，圆锥与水平面的夹角应大于 60°，以利于排料。塔盖的侧面开了一定数量的通气孔，以排出饲料在存放过程中产生的各种气体和热量。贮料塔一般直径较小，塔身较高，当饲料含水量超过 13%时，存放时间超过 2 天后，贮

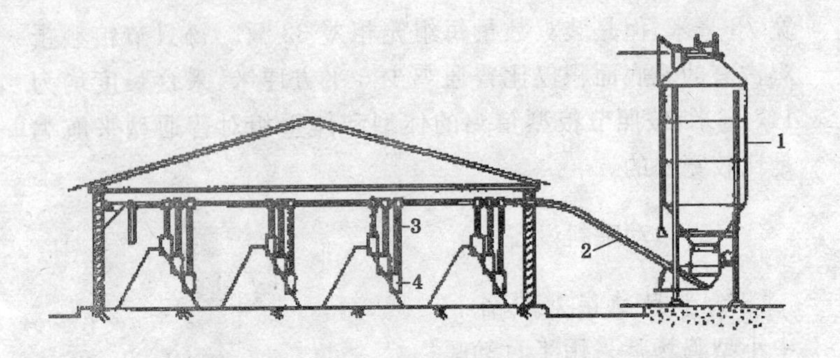

图 6-15　全自动喂料系统示意图

1. 贮料塔　2. 输料机　3. 喂料机　4. 饲槽

料塔内的饲料会出现“结拱”现象，使饲料架空，不易排出。因此，贮料塔内需要安装破“结拱”装置。贮料塔多用于大型机械化鸡场，使用散装饲料车从塔顶向塔内装料。喂料时，由输料机将饲料送往鸡舍的喂料机，再由喂料机将饲料送到饲槽，供鸡采食。

常用的输料机有塞盘式、链式、螺旋弹簧式、天车式和轨道车式。螺旋式输送机，其叶片是整体式的，生产效率高，但只能作直线输送，输送距离也不能太长。因此，将饲料从贮料塔送往各喂料机时，需分成两段，使用 2 个螺旋输送机。1 个将饲料倾斜输送到一定高度后，再由另 1 个水平输送到喂料机。塞盘式输料机和螺旋弹簧式输料机可以在弯管内送料，所以不必分 2 段，可以直接将饲料从贮料塔底送到喂料机。再用喂料机向饲槽分送饲料。

(四)清粪设备

鸡舍内的清粪方式有人工清粪和机械清粪 2 种。机械清粪常用设备有：刮板式清粪机、带式清粪机（图 6-16）和抽屉式清粪机。刮板式清粪机多用于阶梯式笼养和网上平养；带式清粪机多用于叠层式笼养；抽屉式清粪板多用于小型叠层式鸡笼。

图 6-16　层叠式鸡笼带式自动清粪机

通常使用的刮板式清粪机分全行程式和步进式两种。它由牵引机（电动机、减速器、绳轮）、钢丝绳、转角滑轮、刮粪板及电控装置组成。

工作时电动机驱动绞盘，钢丝绳牵引刮粪器。向前牵引时刮粪器的刮粪板呈垂直状态，紧贴地面刮粪，到达终点时刮粪器前面的撞块碰到行程开关，使电动机反转，刮粪器也随之返回。此时刮粪器受背后钢丝绳牵引，将刮粪板抬起越过鸡粪，因而后退不刮粪。刮粪器往复行走 1 次即完成 1 次清粪工作。刮板式清粪机一般用于双列鸡笼，1 台刮粪时，另 1 台处于返回行程不刮粪，使鸡粪都被刮到鸡舍同一端，再由横向螺旋式清粪机送出舍外。

全行程式刮板清粪机适用于短粪沟。步进式刮板清粪机适用于长鸡舍，其工作原理和全行程式完全相同。刮板式清粪机是利用摩擦力及拉力使刮板自行起落,结构简单。但钢丝绳和粪尿接触易被腐蚀而断裂。采用高压聚乙烯塑料包覆的钢丝,可以增强抗腐蚀性能。但塑料外皮不耐磨,容易被尖锐物体割破失去包覆作用。因此,要求与钢丝绳接触的传动件表面必须光滑无毛刺。

(五)小型饲料加工设备

使用预混料和浓缩料的养鸡场需要有自己的饲料加工设备。常用的 9PS 系列小型饲料加工机组(图 6-17)是由中国农业机械研究院研制,适合中小型养殖场自配饲料使用。主要技术参数见表 6-3。

图 6-17 小型饲料加工机组

1. 进料口 2. 提升机 3. 搅拌机 4. 控制柜

表 6-3 9PS 系列中小型饲料加工机组技术参数

型　号	9PS500	9PS1000
生产效率(千克/时)	500～750	1000～1500
混合均匀度变异系数	≤8%	≤8%
总装机功率(千瓦)	9.7	14.7
外形尺寸(长×宽×高)(毫米)	2440×1600×2936	2959×2605×2764

二、饲养方式

节粮型蛋鸡的饲养方式主要分为平养和笼养两种。平养指鸡在一个平面上活动,又分为落地散养、网上平养。产蛋鸡林地、果园散养可以提高鸡蛋的品质。笼养可较充分地利用鸡舍空间,饲养密度较大,投资相对较少,且管理方便,鸡不接触粪便,有利于鸡群防疫。

(一)笼　养

我国绝大多数节粮型蛋鸡采用全程笼养。雏鸡阶段(0～9 周龄)采用 4 层全重叠式育雏笼,或使用 3 层阶梯式育雏笼。雏鸡在保温措施上使用暖气、火墙、热风炉或火炉等加热设施。育成鸡(10～17 周龄)采用阶梯式育成鸡笼,或者采用育雏育成一段式的笼具。

产蛋鸡多采用全阶梯式 3 层笼养。这种模式多采用人工喂料、人工捡蛋和人工清粪,以自然通风为主,辅以机械通风。部分鸡场采用半自动喂料和刮粪板清粪。

种鸡采用2层全阶梯式蛋鸡笼饲养，便于人工授精的操作。

1. 笼养的主要优点

第一，提高饲养密度。立体笼养比平养增加密度可达3倍以上，每平方米可以养蛋鸡17只以上。

第二，节省饲料。鸡饲养在笼中，运动量减少，耗能少，浪费饲料减少。种鸡人工授精可少养公鸡。

第三，鸡不接触粪便，有利于鸡群防疫。

第四，蛋比较干净，可消除窝外蛋。

第五，不存在垫料问题。

2. 笼养的主要缺点　①死淘率可能增加；②投资较大；③血斑蛋比例高，蛋品质稍差，种蛋合格率低；④笼养鸡猝死综合征影响鸡的存活率和产蛋性能；⑤淘汰鸡的外观较差，骨骼较脆，出售价格较低。

（二）平养（放养）

1. 雏鸡平养　节粮型蛋鸡主要是在育雏育成阶段采用平养，多使用网上平养（图6-18），少量使用地面厚垫料饲养。平养饲养密度，雏鸡阶段25只/米^2，育成鸡不超过10只/米^2。

2. 产蛋鸡放养　节粮型蛋鸡的特点之一是性情温驯不善飞翔，在林地、果园放养的时候不会飞到树上破坏果木，容易管理。放养节粮型蛋鸡应有足够的场地，一般每只鸡为4平方米的活动场地，采用轮放的方式，建有鸡休息、补料、产蛋的场所。北方地区一般选择10月份舍饲笼养育雏，翌年3月春暖花开时就可以放养。放养鸡自由活动，食物结构丰富，鸡蛋品质高。

图 6-18　雏鸡网上平养

三、饲养密度

饲养密度和饲养方式与品种类型有关。表 6-4 和表 6-5 提供了两种饲喂方式育雏期的饲养密度和设备需要。节粮型蛋鸡商品代育雏期平养饲养密度为 15～18 只/米^2，笼养不超过 30 只/米^2 为宜；种鸡育雏期平养 12～15 只/米^2，笼养不超过 25 只/米^2。产蛋期节粮型蛋鸡每只鸡占笼底面积不低于 370 平方厘米，粉壳父母代鸡每只不低于 380 平方厘米，褐壳父母代鸡每只不低于 450 平方厘米。商品代鸡放养每只鸡占 4 平方米活动空间，其中舍内占 0.1 平方米。

表 6-4　笼养育雏的饲养密度和设备需要量

类　型	笼底面积（平方厘米）	饲槽长度（厘米）	水槽长度（厘米）	乳头饮水器（只/个乳头）
商品代	129	4.1	1.5	20
粉壳父母代	154	5.1	1.9	15
褐壳父母代	181	5.6	2.0	12

表 6-5　平养育雏的饲养密度和设备需要量

类　型	每平方米鸡数（只）	每只水槽长度（厘米）	普拉松自动饮水器（只）	每个乳头鸡数（只）	每只食槽长度（厘米）	每个料桶鸡数（只）
商品代	13.8	1.1	160	20	5	30
粉壳父母代	12.7	1.2	150	20	5	25
褐壳父母代	10.8	1.5	100	15	8	25

四、鸡舍环境控制

鸡的生长和产蛋都需要一定的环境条件，环境条件控制得好差直接影响遗传潜力的发挥。在环境条件中，鸡舍的温度、湿度、光照、空气质量最重要。

（一）温度控制

1. 鸡舍热量来源　节粮型蛋鸡成年鸡的体温 41.4℃，鸡舍内的热量主要来自鸡自身的产热量。产热量的大小和鸡的类型、饲料能量值、环境温度、相对湿度等有关。体重较大的鸡产热总量大，但单位体重产热量少，降低鸡舍温度能增加鸡的散热量。在夏季需要通过通风将鸡产生的过多热量排出鸡舍，以降低舍内温度。在天气寒冷时，鸡所产生的大部分热量必须保持在舍内以提高舍内温度。

2. 环境温度对鸡饮食的影响 环境温度对鸡行为的影响主要表现在采食量、饮水量、水分排出量的变化。由表6-6中的数字可以看出，随环境温度的升高采食量减少、饮水量增加，产粪量减少，呼吸中呼出的水分增加，造成总的排出水量大幅度增加。排出过多的水分会增加鸡舍的湿度，鸡感觉更热。

表6-6 不同环境温度下鸡的采食量、饮水量和水排出量

(100只小型蛋鸡1天)

项　目	鸡舍温度(℃)						
	4.3	10.0	15.0	21.1	26.7	32.2	37.8
耗料量(千克)	11.8	11.6	11.0	10.0	8.7	7.0	4.8
每千克饲料饮水量(升)	1.3	1.4	1.6	2.0	2.9	4.8	8.4
饮水量(升)	15.5	16.3	17.8	20.1	25.4	33.7	40.9
产粪量(千克)	16.6	16.2	15.3	14.0	12.1	9.7	6.7
粪中含水量(千克)	13.1	13.0	12.4	11.5	10.1	8.2	5.7
呼出水量(千克)	2.1	2.9	5.1	8.8	15.3	25.5	34.5
粪便和呼出的水(千克)	15.2	16.0	17.6	20.3	25.4	33.7	40.2

3. 环境温度对鸡生产性能的影响 刚孵化出的雏鸡一般需要较高的环境温度。节粮型蛋鸡前3天需要35℃～36℃的温度，但是在高温低湿度时也容易脱水。对于生长鸡和产蛋鸡，适宜温度范围(13℃～25℃)对其能够达到理想生

产指标很重要。育成鸡在超出或低于这个温度范围时饲料转化率降低。产蛋鸡的适宜温度范围更小,尤其在超过 30℃时,产蛋减少,而且每个蛋的耗料量增加。在较高环境温度下,25℃以上时蛋重降低;27℃时产蛋数、蛋重、总蛋重降低,而且蛋壳厚度迅速降低,同时死亡率增加;37.5℃时,产蛋量急剧下降;43℃以上,超过 3 小时鸡就会死亡。

相对来说,冷应激对育成鸡和产蛋鸡的影响较少。但是雏鸡在最初几周因体温调节机制发育不健全,羽毛还未完全长出,保温性能差,10℃的温度就可致死。成年鸡可以抵抗0℃以下的低温,但是也受换羽和羽毛多少的影响。

4. 维持适宜温度环境的措施

(1)鸡舍结构　鸡舍主要有两种类型,即开放式鸡舍和封闭式鸡舍。封闭式鸡舍更适合于环境温度 31℃以上高温时的温度控制。封闭式鸡舍墙壁的隔热标准要求较高,尤其是屋顶的隔热性能要求较高。隔热性能受所用隔热材料的影响。房舍的内外都要防潮,地面必须经过夯实。外墙和屋顶应当涂成白色或覆盖其他反射热量的物质。顶棚对开放式鸡舍很有用处,不仅能防雨,而且提供阴凉。开放鸡舍在我国非常普遍。

(2)通风　通风对任何条件下的家禽都有益处,它可以将污浊的空气和湿气排出,补充新鲜空气,一定的风速还可以降低鸡舍的温度。封闭式鸡舍必须安装通风机械,排除污浊空气,补充新鲜空气,并通过对流进行降温。风速达到每分钟152 米时,可降温 5.6℃。

(3)蒸发降温　在低湿度条件下使用水蒸发降低空气温度很有效。这种方法主要通过湿垫风机降温系统实现。有一点必须注意,虽然空气温度能够下降,但是水蒸气和湿度增加，因而湿球温度下降有限。蒸发降温有几种方法：房舍外喷水；降低进入鸡舍空气的温度；使用风机进行负压通风，使空气通过湿垫进入鸡舍；良好的鸡舍低压或高压喷雾系统形成均匀分布的水蒸气。开放式鸡舍可以在鸡舍的向阳面悬挂湿布帘或湿麻袋包。

(4)降低鸡群密度和配备足够的饮水器　减少单位面积的鸡数能降低环境温度。提供足够的饮水器和尽可能凉的饮水，也是简单实用的防暑降温方法。

(二)相对湿度

1. 湿度的产生　鸡舍内潮湿的原因，主要是鸡呼吸产生的水蒸气、粪便带出的水分、大气中的水分和饮水器漏水。

2. 湿度的影响　湿度对鸡的影响只有在高温或低温情况下才明显，在适宜温度下无大的影响。高温时，鸡主要通过蒸发散热，如果湿度较大，会阻碍蒸发散热，造成高温应激。低温高湿环境下，鸡失热较多，采食量加大，饲料消耗增加。严寒时会降低生产性能。低湿容易引起雏鸡的脱水反应，羽毛生长不良。

3. 适宜的湿度　鸡适宜的相对湿度为60%～65%。只要环境温度不偏高或偏低，湿度在40%～72%范围内，也能适应。

4. 控制相对湿度的方法　控制相对湿度的方法，主要是饮水器不漏水或滴水，适当控制鸡的饮水，加强通风把湿气排出鸡舍。如果鸡舍湿度过低，可以采取喷雾的方法，雏鸡舍可以在火炉上加热开水以补充空气中的水分。

(三)空气质量

鸡舍内的有害气体包括:粪、尿分解产生的氨气和硫化氢,鸡呼吸或物体燃烧产生的二氧化碳,垫料发酵产生的甲烷。如果用煤炉作为热源,煤炭燃烧不完全还会产生一氧化碳。这些气体对鸡体的健康和生产性能均有负面影响,而且随着有害气体浓度的增加会相对降低氧气的含量,影响鸡的生产性能。鸡舍内各种气体的致死浓度和最大允许浓度见表6-7。通风换气是调节鸡舍空气环境状况最主要、最经常用的手段。

表 6-7 鸡舍内各种气体的致死浓度和最大允许浓度

气体名称	致死浓度(%)	最大允许浓度(%)
二氧化碳	>30	<1
硫化氢	>0.05	<0.004
氨	>0.05	<0.0025
氧	<6	—

(四)光　照

1. 光照的作用和作用机制　光照不仅使鸡看到饮水和饲料,促进鸡的生长发育,而且对鸡的繁殖有决定性的刺激作用,即对鸡的性成熟、排卵和产蛋均有影响。另外,红外线具有热源效应,而紫外灯具有灭菌消毒的作用。光照作用的机制一般认为禽类有 2 个光感受器,1 个为视网膜感受器即眼睛,另 1 个位于下丘脑。下丘脑接受光照变化刺激后分泌促性腺激素释放激素,这种激素通过垂体门脉系统到达垂体前叶，引起卵泡刺激素和排卵激素的分泌，促使卵泡的发育和排卵。对于高产蛋鸡只要每天的采食量能满足需要，光照时间并不是主要因素，每天12小时就能满足需要。夏天鸡舍内的温度比较高，鸡采食量低，需要在凉爽的清晨补充光照，促进鸡的采食。

2. 光照强度 调节光照强度的目的是控制鸡的活动性。因此，鸡舍的光照强度要根据鸡的视觉和生理需要而定，过强过弱均会带来不良的后果。光照太强不仅浪费电能，而且鸡显得神经质，易惊群，活动量人，消耗能量，易发生斗殴和啄癖。光照过弱，影响采食和饮水，起不到刺激作用，影响产蛋量。1～7日龄雏鸡最佳光照强度为20勒（4～5瓦/米^2），育雏育成鸡为5勒（2瓦/米^2），产蛋鸡为20～25勒（5～6瓦/米^2），种鸡为10～15勒（3～4瓦/米^2）。灯光距鸡背的距离为2米。表6-8列出了不同类型的鸡需要的光照强度。

表6-8 鸡对光照强度的需要

项目	年龄	光照强度（勒）		
		最佳	最大	最小
雏鸡	1～7日龄	20	—	10
育雏育成鸡	2～20周龄	5	10	2
产蛋鸡	20周龄以上	20	30	10
种鸡	20周龄以上	10	20	5

为了使照度均匀，一般光源间距为其高度的1～1.5倍，不同列灯泡采用梅花分布，注意鸡笼下层的光照强度是否满足鸡的要求。使用灯罩比无灯罩的光照强度增加约45%。

由于鸡舍内的灰尘和小昆虫粘落，灯泡和灯罩容易脏，需要经常擦拭干净，坏灯泡要及时更换，以保持足够亮度。

3. 光照管理的原则 ①育雏期前1周或转群后几天可以保持较长时间的光照，以便鸡熟悉环境，及时喝水和吃料，然后光照时间逐渐减少到最低水平；②育成期每天光照时间应保持恒定或逐渐减少，切勿增加，以免造成早熟；③产蛋期每天光照时间逐渐增加到16.5～17个小时，然后保持恒定，切勿减少。

4. 光照管理注意事项

第一，根据不同的饲养方式制定不同的光照管理程序，不得半途而废。

第二，育雏第一周每天23小时光照，之后逐渐减少。育成期每天的光照时间不得低于6个小时，否则影响鸡的正常采食、饮水和活动。但也不要超过11个小时(开放式鸡舍采用自然光照)。

第三，不得随意改变光的颜色、强度和时间，否则会引起产蛋突然下降。天气炎热时鸡的采食量下降较大，可在气温较低的早晨增加1.5～2个小时的光照，以增加采食时间。

第四，进入产蛋期光照时间应逐渐增加，不能突然大量增加，一般每周增加0.5～1个小时，否则容易引起脱肛。

第五，产蛋期每天光照一般以16.5～17个小时为宜。

第六，开放式鸡舍日照不足时采用早晚补充人工光照的办法解决。

5. 光照制度

(1)封闭式鸡舍　封闭式鸡舍由于完全采用人工光照，所以光照程序比较简单。表6-9列出了商品代蛋鸡的参考光照制度，其他类型的鸡可以在此基础上进行微调，基本程序不变。

表 6-9 封闭式鸡舍的光照制度

周 龄	光照(小时)	周 龄	光照(小时)
1	22～23	21	12.5
2	18	22	13
3	16	23	13.5
4～16	8	24	14
17	9	25	14.5
18	10	26	15
19	11	27	16
20	12	28～72	16.5

(2)开放式鸡舍 开放式鸡舍的光照制度应根据当地实际日照情况确定。表 6-10 是农大 3 号小型蛋鸡开放式鸡舍的光照制度。华北地区的鸡场可参考执行。

表 6-10 开放式鸡舍的光照制度

周 龄	光照时间(小时)	
	顺季 5 月 4 日至 8 月 25 日出雏	逆季 8 月 26 日至翌年 5 月 3 日出雏
0～1	22～23	22～23
2～7	逐渐降到自然光照	逐渐降到自然光照
8～17	自然光照	恒定此期间最长光照
18～72	每周增加 0.5～1 小时至 17 小时恒定	每周增加 0.5～1 小时至 17 小时恒定

(五)通风换气

通风换气可以起到降温、除湿和净化空气的作用。鸡舍通风按通风的动力可分为自然通风、机械通风和混合通风3种，机械通风又分为正压通风、负压通风和零压通风3种。根据鸡舍内气流运动方向，鸡舍通风分为横向通风和纵向通风。

1. 自然通风 依靠自然风的风压作用和鸡舍内外温差的热压作用，形成空气的自然流动，使舍内外的空气得以交换。开放式鸡舍采用是自然通风，空气通过通风带和窗户进行流通。

2. 机械通风 依靠机械动力强制进行舍内外空气的交换。一般使用轴流式通风机进行通风。

(1)负压通风 利用排风机将鸡舍内污浊空气强行排出舍外，在建筑物内造成负压，新鲜空气从进风口自行进入鸡舍。负压通风投资少，管理比较简单，进入鸡舍的气流速度较慢，鸡感觉比较舒适，成为广泛应用于封闭式鸡舍的通风方式。

①纵向通风 排风扇全部安装在鸡舍一端的山墙(一般在污道一侧)或山墙附近的两侧墙壁上，进风口在另一侧山墙或靠山墙的两侧墙壁上，鸡舍其他部位无门窗或门窗关闭，空气沿鸡舍的纵轴方向流动。封闭鸡舍为防止透光，进风口设置遮光罩，排风口设置弯管或用砖砌遮光洞。进气口风速一般要求夏季2.5～5米/秒，冬季1.5米/秒。

②横向通风 横向通风的风机和进风口分别均匀布置在鸡舍两侧墙上，空气从进风口进入鸡舍后横穿鸡舍，由对侧墙上的排风扇抽出。横向通风方式的鸡舍舍内空气流动不够均匀，气流速度偏低，死角多，因而空气不够清新，现在跨度比较

大的鸡舍还在使用。

(2)正压通风　封闭式鸡舍的另一个但不太普遍应用的机械通风方法是正压通风。风扇将空气强制输入鸡舍,而出风口做相应调节以便出风量稍小于进风量而使鸡舍内产生微小的正压。空气通常是通过风管上的风孔而分布于鸡舍内的。

第七章　饲养管理技术

节粮型蛋鸡的饲养一般分为3个阶段，即0～9周龄为雏鸡阶段，9～18周龄为育成鸡阶段，19周龄以后为产蛋鸡阶段。

一、雏鸡的饲养管理

（一）雏鸡的特点

1. 雏鸡羽毛未丰满，抗寒能力差　刚出生的雏鸡除了在尾部和翅尖有少量的羽毛外，全身覆盖绒毛，绒毛的保温作用十分有限。到了3周左右，羽毛才能覆盖全身，雏鸡的耐寒能力达到一定水平。另外，雏鸡刚从37℃左右的孵化器中出来，需要较高的温度，才能保持较强的活动能力，刚出壳的雏鸡尤为如此。随着雏鸡对环境的适应和羽毛的生长，环境温度可以逐渐降低。

2. 消化系统发育不完善，对饲料质量要求高　刚出壳的雏鸡消化系统发育还未完善，主要靠腹腔中的卵黄提供营养，饲料中的一些不易消化的食物容易引起消化不良，对雏鸡的生长不利。雏鸡的饲料一般都是由优质饲料原料组成的，那些不易消化吸收的饲料原料，如棉籽粕，一般不用于雏鸡饲料或少用。

3. 生长发育迅速，对饲料营养要求高　雏鸡刚出壳一般为35克左右，1周后可以达到70克左右，体重增加1倍，虽然绝对生长不是很多，但相对生长很快。这就需要有充足的营养供应，而这些营养大部分来源于饲料。雏鸡对饲料营养物质浓度的要求比育成鸡和产蛋鸡高，饲料中粗蛋白质应达到 18.5%，代谢能 11.92 兆焦/千克，并且维生素的浓度也比较高。

4. 抗病力较差 虽然雏鸡有母源抗体的保护，对某些病毒病有暂时的抵抗力，但是雏鸡阶段的死亡率一般是最高的。一方面由于母源带来的病原体，如鸡白痢沙门氏菌、鸡败血支原体对雏鸡的侵害；另一方面有些疾病只对雏鸡有危害，如传染性法氏囊病等。因此，雏鸡一定要有一个彻底消毒、温湿度和通风合适的饲养环境。

5. 卵黄吸收比普通鸡慢，育雏温度要稍高一些 实验证明，相同蛋重的矮小型鸡种蛋孵化出的雏鸡比普通型的雏鸡重 1 克。为了促进雏鸡卵黄吸收，育雏前 3 天的温度要求 35℃～36℃，然后逐渐降低。

6. 学习能力强，容易形成啄癖 从行为学的角度考虑，雏鸡有幼教行为，也就是雏鸡可以向周围的动物学习。这种行为一方面有利于雏鸡的开食和饮水，另一方面如果有的雏鸡有啄斗行为，就会吸引其他雏鸡形成严重的啄癖。

(二)雏鸡饲养管理

1. 雏鸡订购

(1)确定数量 雏鸡饲养量应根据成鸡的数量和育雏的设备容量确定。在设计育雏舍的容量时应根据成鸡舍的容量和饲养水平确定。例如，某鸡场成鸡笼鸡位数为 5 000 只，育雏成活率 95%，育成成活率 95%，鉴别率 98%，合格率 98%，保险系数 1.02。其进雏鸡数应为 $5000 \div 0.95 \div 0.95 \div$

0.98÷0.98×1.02＝5883 只。孵化场一般给予 2%～4%的损耗，所以定购 5 600 只雏鸡，在上述饲养水平下可以满足成鸡笼鸡位数的需要。

(2)签定合同　一定要提前与孵化厂或种鸡场签定供货合同，约定供货日期、数量、价格、损耗、运输方式、质量保障等条款。签定合同的目的是保证雏鸡及时供应，防止空舍时间过长影响收益。

(3)雏鸡运输　夏天运输雏鸡很容易出现受热闷死鸡的现象，需要减少每盒的雏鸡数量，一般合适季节放 100 只雏鸡的雏鸡盒夏天装 80 只。尽量选择在夜间运输天亮到达。运输车辆选择保温性能好、空间大的车辆，并对道路路况有详细了解，避免路上堵车造成雏鸡死亡。冬季运输雏鸡要注意通风与保温关系的处理，长途运输时每隔一段时间就要调整一下雏鸡位置，把在底部和侧部雏鸡盒调整到中间位置。用飞机或火车运输要提前联系航班与车次，并了解出发地和目的地的天气情况。

2. 进雏前的准备

(1)清洗消毒　清洁的环境是雏鸡健康成长的保证。上批雏鸡转群后，清除雏鸡舍内的粪便、垃圾，清除周围环境的杂物，然后用火碱水喷洒地面，用火焰消毒器对育雏笼、鸡舍墙壁、地面进行灼烧，对鸡笼上粘挂的鸡毛必须烧掉。清洗消毒工作完成以后，将粪盘、饲槽、饮水器以及育雏所用的各种工具放入舍内，然后关闭门窗，用甲醛熏蒸消毒。熏蒸时要求鸡舍的湿度 70%以上，温度 10℃以上。消毒剂及其用量为每立方米体积用福尔马林(40%甲醛溶液)42 毫升，加 42 毫升水，再加入 21 克高锰酸钾，消毒容器可用铸铁锅等敞口不易腐蚀的器具。1～2 天后打开门窗，通风晾干鸡舍。如果距下批进鸡还有一段时间，可以一直封闭鸡舍到进鸡前 3 天左右。

(2)调试加温设备并提前预热

①加温设备　雏鸡舍的加温设备有火炉、暖气、火墙等传统加热设施，还有热风炉、育雏伞等现代高效加热设施，可以根据实际情况选择。

②预热升温　在进雏前 24 小时将育雏舍温度升至 33℃～36℃。离地网上平养如果采用育雏伞，育雏伞边缘温度为 33℃左右。整室加温用暖气或火炉供温比较普遍，保持室温 34℃～35℃，相对湿度要求保持在 60%～70%。在预热过程中发现加热设备出现问题要及时维修。

(3)垫料准备　地面平养需要在水泥地面铺上 8 厘米厚的垫料(每平方米约 5 千克)。垫料最迟应在进雏前 24 小时铺好，一般要在雏鸡舍第二次消毒前铺好。垫料要求干燥、无霉菌和有毒物质，吸水性强。

(4)饲养设备、物品准备　育雏用的饮水器、喂料盘等要在进鸡前摆放好，按照饲养密度要求均匀布置。预防用药、雏鸡饲料在雏鸡进舍前准备好，在进雏前 3 小时把真空饮水器装满温水。

3. 雏鸡舍的温、湿度　雏鸡的饲养环境最重要的是温度。初生雏鸡绒毛稀短，采食量少，体温调节功能还不完善，抗寒能力差，需要等到 2 周龄以后随着绒毛脱落和羽毛的生长，调节体温的功能才逐渐提高，抗寒能力也逐渐增强。所以开始育雏阶段，必须给以较高的温度，一般育雏舍 35℃～36℃，更有利于雏鸡卵黄的吸收和抗白痢。第二周开始，每周降低 2℃～3℃。根据气温情况，在 4～6 周龄脱温。适宜的育雏温度和相对湿度见表 7-1。

表 7-1 育雏期适宜的温度和相对湿度

日　龄	温　度(℃)	相对湿度(%)
1～3 天	35～36	60～70
4～5 天	32～34	60～70
6～7 天	30～32	60～70
2 周龄	28～30	55～65
3 周龄	24～28	55～65
4 周龄	22～24	50～65
5 周龄	20～22	50～65
6 周龄以后	18～20	50～65

表中温度上限指白天温度,下限为夜间温度。育雏第一天要求温度达到 35℃。在实际生产中通常根据雏鸡的分布和活动情况,来判断育雏温度是否合适。

湿度控制在 50%～70%。湿度低会影响羽毛的生长,而且粉尘大容易传播呼吸道疾病。

4. 雏鸡的饮水 雏鸡第一次饮水称为“开饮”。初生雏放入育雏笼后应立即给予饮水。雏鸡在开始饮水之前不要提供饲料,一般要在雏鸡饮水 3～6 小时之后才提供饲料。育雏第一天雏鸡饮用糖水可以减少前 7 天的育雏死亡率 50%。糖水的浓度一般为 5%,也可放入适量电解质、复合维生素 B 及高锰酸钾,以减少早期的雏鸡死亡率。如果雏鸡长时间没有饮水意识,要人工强制饮水。

水的消耗受环境温度影响很大。炎热季节尽可能给雏鸡提供凉水,而寒冷冬季应提供不低于 20℃的温水。笼养育雏前 3 天用真空饮水器,保证每只鸡都有足够的饮水,3 天后在笼外水槽中加满水，并逐渐在1周内将真空饮水器撤掉。水的质量要符合生活饮用水标准。

5. 雏鸡的饲喂

(1)开食　雏鸡第一次吃料称为“开食”。一般雏鸡在全部饮到水之后才提供开食料。开食料选优质的雏鸡饲料。为了有效地减少或防止雏鸡糊肛，雏鸡的饲料上面铺一层碎玉米，数量为每100只雏鸡400～700克。

雏鸡开食一般用浅料盘或蛋托，也可以把饲料撒在报纸上。为了防止雏鸡浪费饲料，在浅料盘或蛋托下面铺一层报纸或把运雏纸箱拆开垫在下面，3天后把笼中的报纸或纸板撤去。前3天饲料中根据情况可加入预防白痢药物，但要注意拌匀和掌握剂量，防止药物中毒。

(2)喂料方案　第一周采用少喂勤添的方法，每天喂料6～8次，喂料量以20分钟吃完为准。笼养育雏前3天在笼中用浅料盘或蛋托喂料，3日后在笼外饲槽中添上饲料，开始时饲槽中的饲料要添满，以吸引雏鸡前来采食。7日后随着雏鸡习惯采食饲槽中的饲料，逐渐将笼中的浅料盘或蛋托撤去。之后饲槽中的饲料应少添，一般低于饲槽的1/2，并掌握当天饲料当天吃完。

(3)雏鸡饲料　雏鸡采食量少，消化吸收功能不完善。因此，需要提供优质的营养浓度较高的饲料。代谢能应达到11.92兆焦/千克，粗蛋白质含量18.5%以上，有丰富的维生素和矿物质。雏鸡饲料中一般需要添加油脂，目的是提高饲料的能量水平，有利于雏鸡的增重和脂溶性维生素的吸收，提高雏鸡的免疫力。

雏鸡的饲料中粗纤维的含量要低，少用或不用棉籽粕等杂粕。鸡本身不能利用纤维素，但是少量的纤维素可以促进胃肠的蠕动，有利于防止啄癖。

雏鸡使用颗粒饲料可以增加体重，促使体重达标，减少饲料浪费，提高成活率。雏鸡体重直接影响育成期的体重，从而影响产蛋期生产性能的发挥。据测算，虽然颗粒饲料的价格稍贵，但是每 100 克增重的饲料成本并没有增加。

(4)喂沙砾　喂沙砾的主要目的是帮助磨碎饲料，促进消化。沙砾直径要适宜，随鸡的日龄逐渐增大。1～5 日龄在料盘中放一把小米粒大小的沙砾；6～21 日龄让鸡自由采食高粱粒大小的沙砾；4 周龄以后每 100 只鸡每周提供 500 克半个玉米粒大小的沙砾。沙砾要清洁卫生。

6. 雏鸡断喙　啄癖不仅影响生长发育，而且增加死亡率。蛋鸡一般在 6～10 日龄进行精确断喙。此时精确断喙可以一直保持较理想的喙型。如果断喙效果不理想，要在产蛋前再进行 1 次修喙。6～10 日龄期间如进行新城疫和传染性法氏囊等病的免疫，要和断喙错开 2 天以上。如果雏鸡有啄斗并有出血现象，要立即进行断喙。

断喙方法是一手握鸡，拇指置于鸡头部后端，轻压头部和咽部，使鸡舌头缩回，以免灼伤舌头。精密动力断喙器有直径 4 毫米、4.37 毫米和 4.75 毫米孔眼。将喙插入 4.37 毫米的孔眼或其他孔眼断喙，所用孔眼大小应使烧灼圈与鼻孔之间相距 2 毫米。上喙断去 1/2，下喙断去 1/3，然后在灼热的刀片上烧灼 2～3 秒钟，以止血和破坏生长点，防止以后喙尖长出(图 7-1)。

断喙时，注意不要给病鸡断喙，要由有经验的技术工人操作，刀片温度 600℃左右，保持樱桃红色。断喙期间在饮水中放入适量的电解质和维生素，料槽中有较多的饲料。市场上电解多维品牌很多，北农大公司也有该产品，每 10 克对水 1 升。

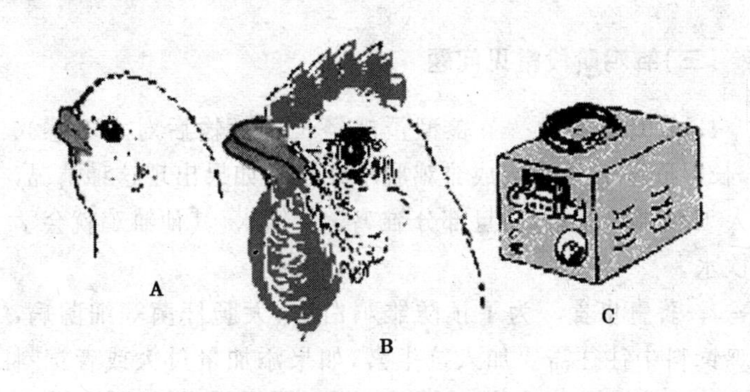

图 7-1 断 喙

A. 雏鸡断喙后的喙状 B. 成鸡的喙状 C. 断喙器

7. 分群(疏散鸡) 随着鸡的长大逐渐疏散鸡群。疏散鸡群时,为了减少应激,一般结合免疫工作同时进行。疏散鸡群时要注意挑出弱小鸡,进行单独饲养。注意观察鸡群,特别是由网上转到地面饲养的鸡,在黑天、闭灯后极易产生扎堆现象。此时要及时将鸡群驱赶开,使鸡群安稳为止,否则短时间内就可造成大批鸡挤压死亡。鸡的饲养密度保持在合理的范围内。分群时应将小公鸡挑出淘汰或单独圈养,以免影响小母鸡的正常采食活动。

8. 雏鸡免疫 雏鸡阶段的免疫比较频繁。免疫的目的是防止病毒性传染病,而细菌性传染病的免疫效果一般不理想。雏鸡阶段进行的免疫主要有鸡新城疫、传染性法氏囊病、鸡痘、禽流感、传染性支气管炎等。在进行免疫时要根据当地的疫病流行特点选择适合的疫苗,按照疫苗要求的免疫方法进行免疫,避免免疫失败。在免疫过程中有时需要抓鸡,动作一定要轻,以减少应激。在免疫前后,可以在饲料或饮水中加入维生素 C,以缓解鸡的应激。具体免疫方法和程序见第八章。

（三）雏鸡阶段常见问题

1. 雏鸡不喝水 节粮型蛋鸡经长途运输后对水不感兴趣，长时间不开饮会造成雏鸡脱水死亡。如果出现这种情况，要人工教雏鸡饮水，一旦部分雏鸡学会饮水，其他雏鸡就会学会饮水。

2. 药物中毒 为了预防雏鸡白痢、大肠杆菌等细菌病，雏鸡饲料中往往需要加入抗生素，如果添加量过大或者饲料中已经有抗生素又额外添加，就会造成雏鸡的药物中毒，中毒雏鸡因肝脏肿大出血而死亡。发现药物中毒，要及时把添加药物的饲料撤掉，给鸡饮水或灌电解质水。

3. 死亡率高 雏鸡阶段死亡率一般比较高，主要是因为雏鸡体小抗病力差。除了运输过程中雏鸡受热、受冷等因素造成的死亡外，雏鸡舍温度低也会造成雏鸡腹泻脱水死亡。雏鸡免疫不及时或免疫失败也会造成雏鸡大量死亡。另外，如果种鸡带病，孵化过程中孵化车间不卫生，也会造成雏鸡在孵化出来后就感染病原菌。解决的办法是从质量可靠的种鸡场进雏，保持合适的育雏温度，运输过程中用保温车。

4. 体重不达标 雏鸡体重不达标会影响以后的生产性能。体重不达标的主要原因有饲料质量不高、天气热采食量低，雏鸡发生疾病，饲养密度大。解决的方法是对症下药，更换符合雏鸡营养需要的饲料，必要时添加0.1%的赖氨酸；调整饲养密度；鸡舍增加风机或湿垫降温系统，使雏鸡体重达标。

5. 啄肛 饲养密度大、饲料营养不平衡、光照过强或高温潮湿的环境都会引发啄癖，断喙不及时或断喙效果不良会加重啄癖。应及时挑出被啄的雏鸡，用紫药水涂抹被啄处；调整饲养密度；使用全价营养平衡的饲料；将鸡舍遮暗；未断喙的鸡马上断喙。

二、育成鸡的饲养管理

蛋鸡育成期生长的好差对其产蛋期的生产力有重大影响。育成期的饲养管理要点，是使母鸡以与该品系相应的速度生长，并在育成末期有适当的体重；育成末期有良好的均匀度；并在适当而经济的周龄达到性成熟。

（一）育成鸡的特点

1. 体温调节功能健全，对外界适应能力较强 10周龄育成鸡的羽毛已经丰满，可以抵抗在0℃以下的低温。只要鸡舍温度不是太冷，一般对育成鸡的生长发育影响不大。

2. 容易产生厌食现象 普通型蛋鸡育成鸡采食量大，易摄入营养过量而造成体脂沉积；而节粮型蛋鸡却在此阶段产生厌食现象，采食量低，体重开始和普通型蛋鸡拉开。因此，育成阶段的营养需要与普通蛋鸡有所不同，蛋白质浓度必须比普通蛋鸡日粮适当增加，代谢能不能太高。

3. 体成熟和性成熟未完成 育成后期要为产蛋期做准备。这一阶段鸡对光照的反应开始变得敏感，在增加光照之前确保鸡的体重达标。如果不控制好光照就会造成早产或者晚开产，影响鸡的总产蛋量。

（二）育成鸡饲养管理

1. 雏鸡向育成鸡过渡期管理

（1）逐步脱温　由于采用三阶段饲养的鸡场育成鸡舍多

数缺乏供暖设备，所以在由育雏舍向育成鸡舍转鸡时，一定要注意逐渐降低温度。尤其在冬季，育雏舍和育成舍的温差比较大，有时育成舍在进鸡前温度在 0℃以下，更要注意雏鸡的逐步脱温。脱温的方法可以采用在转群前 5 天逐渐降低育雏舍的温度，也可以在转出育雏鸡舍后给育成鸡舍临时加温5～7 天。冬季转群地面跑的鸡要及时抓入鸡笼中，防止鸡扎堆压死鸡。

(2)逐步换料　雏鸡饲料和育成鸡饲料在营养成分和适口性方面有很大的差异，雏鸡经过转群应激后在采食、饮水和行为等各方面都受到影响，体重会暂时下降。新转群的鸡需要再喂 1 周左右的雏鸡料，然后每天在雏鸡料中加入一定比例的育成鸡料，在 1 周内完全换成育成鸡料。育成期的营养需要见第五章。

(3)调整饲养密度　育成鸡生长的绝对速度比雏鸡要高，饲养密度要小得多。平养 10～15 只/米^2，笼养不超过 25 只/米^2。

2. 营养需要与饲喂量　育成鸡的营养需要和参考饲料配方见第五章，饲喂量见第四章。育成鸡每天至少饲喂 3 次，最好在天气比较适宜的时候添加饲料，每天匀料次数应不少于 3 次。

3. 体重控制　育成期的饲养关键是控制体重。节粮型蛋鸡容易出现体重不达标。因此，体重控制的重点是促进其均匀增长。

(1)体重控制的目的和作用

①适时性成熟　通过体重控制，可以避免夏季性成熟太早，产小蛋过多，影响产蛋持久力。

②控制体型　控制体重不仅是控制增重速度，使体重控

制在标准范围之内，更重要的是使鸡的体型充分发育，防止脂肪过多沉积。

③提高鸡群的健康状况　一些体质较弱的鸡，在调整鸡群的过程中被淘汰。剩余的鸡都具有强烈的采食欲望，在产蛋期能够采食足够的营养。

(2)体重控制的方法

①调整饲料的质量　如果鸡的体重不达标，育成期饲料的粗蛋白质含量可以适当提高；如果育成鸡的体重超出标准体重，需要降低饲料的粗蛋白质含量。赖氨酸对体重的增长有明显的效果，可以适当调整饲料中赖氨酸的含量来调节增重。

②调整饲喂量　一般情况下节粮型蛋鸡全程自由采食。如果体重不达标，应增加采食时间，以达到增加采食量的目的。通常采用的也是最有效的方法是增加夜间光照，增加匀料次数。

③环境控制　炎热的夏季，鸡的采食量低会影响其体重。鸡舍安装湿垫通风降温系统，加强通风，可以降低鸡舍的温度。在适宜的温度条件下鸡的采食量会提高。

4. 均匀度的控制

(1)均匀度的概念　鸡群的均匀度是指鸡群体重大小均匀程度，是反映鸡群优劣和鸡生长发育一致性的标准。

(2)均匀度测定方法　雏鸡从 8 周龄开始每 2 周进行 1 次随机抽样称重，抽测鸡数一般为全群的 1%，但是最少不低于 50 只。

$$均匀度(U)=\frac{样本平均体重\pm 10\%范围内的鸡数}{抽测鸡数}\times 100\%$$

(3)均匀度好坏判断标准　良好的鸡群在育成末期均匀度应达到 80%以上，高水平的鸡群可达到 90%以上，均匀度低于70%的鸡群为培育效果不良。一般说来，育成鸡的均匀度越高，在管理上越容易，鸡群开产越整齐，蛋重大小越一致，产蛋高峰来得快且高峰明显，总产蛋量也越多。

(4)提高均匀度的方法　提高鸡群均匀度的方法是挑鸡分群，根据体重大小把鸡群分成体重大、中、小三等，分别给予不同的饲料量。这项工作要尽早做，如果从外观上不能区分，那么就用秤逐只称重，不要怕麻烦。

5. 适时性成熟　母鸡产第一枚蛋的日龄为该鸡的性成熟期，也称开产日龄。对整个鸡群来讲，产蛋率达到50%的日龄为该鸡群的性成熟期。所谓适时性成熟，指鸡群在性成熟时体重达到该品种的体重标准，体型达标。反映体型是否达标的指标主要有龙骨长度、胫长，通常用测量胫长的方法判断体型是否达标，胫长是指鸡爪掌底至跗关节顶端的一段距离，反映鸡骨骼发育状况。依据胫长和体重状况，可以判断鸡只体型发育的正常与否。节粮型蛋鸡育成末期胫长应达到6.5厘米。适时性成熟对日后的生产性能有较大的影响，过早产蛋体型小、蛋重小、产小蛋时间长，鸡容易脱肛；过晚产蛋，延长了育成期，影响总产蛋量。一般通过限饲和光照控制可以使鸡适时性成熟。

6. 育成鸡免疫接种　育成鸡必须做完全部免疫接种，产蛋期间尽量避免做任何免疫接种。这期间要做的免疫接种有鸡新城疫、鸡传染性支气管炎、传染性喉气管炎、鸡痘、禽流感、传染性鼻炎、产蛋下降综合征等，具体免疫接种时间和方法见第八章。

(三)育成鸡常见问题及解决办法

1. 体重不达标　采食量低或饲料质量较差都会造成体

重不达标，天气炎热或鸡群发病都会引起采食量降低从而引起体重不达标。散养鸡如果体内有寄生虫也会造成鸡的消瘦和体重不达标。

2. 脱毛或啄羽 育成鸡正常生长有两次换羽，一次是换青年羽，一次是换成年羽。正常换羽期间地上会脱落很多羽毛。为了使新羽快速生长，饲料中可适当添加含硫氨基酸（蛋氨酸、胱氨酸等）。饲料中缺乏含硫氨基酸也会造成育成鸡的啄羽现象或羽毛无光泽。

3. 裂爪 育成鸡爪子开裂、胫部鳞片无光泽，主要是由于维生素缺乏引起的，最可能缺乏的维生素是生物素和泛酸。

三、产蛋鸡的饲养管理

育成鸡饲养到 18 周龄左右即转入产蛋鸡舍，进入产蛋期。目前绝大多数商品代蛋鸡采用笼养，少量采用林地或果园散养。本篇除了专门说明的地方之外，叙述的都是笼养蛋鸡的饲养管理技术。

（一）预产期的管理

从转入产蛋鸡舍至鸡达到产蛋率 50%这段时间称为鸡的预产期。预产期在管理和饲料方面有以下变化。

1. 增加光照 至少从 18 周龄开始增加光照，目的是刺激鸡的性腺发育，促进卵泡发育。光照制度见第六章。

2. 更换预产鸡料 预产期鸡的体重继续增加而且幅度较大。因此，预产鸡饲料中的粗蛋白质含量要求比较高。虽然鸡还没有产蛋或产蛋率较低，但为了增加钙的贮备，饲料中钙、磷含量要适当提高，一般饲料中含钙量应达到 2%，粗蛋白质含量应达到16%～17%。虽然使用预产鸡料这种做法还缺乏证据，但是对增加蛋鸡钙的贮备和性成熟阶段体重迅速增加有利。

3. 出现三高 开产阶段，鸡群会出现采食量增高、产蛋率升高和死亡率升高。出现死亡率升高的原因是有些鸡的产道狭窄，产出鸡蛋带血，引起其他鸡只啄肛。减少啄肛的方法是鸡的体重达标，光照适度增加，必要时补充维生素和补液盐。

(二)产蛋高峰期的管理

1. 自由采食 要使鸡群维持较高的产蛋高峰，在产蛋高峰期一般采取自由采食，保证鸡的采食量能够满足产蛋需要。节粮型蛋鸡产蛋高峰期日采食量应达到90克以上，寒冷季节应达到95克以上，才能满足产蛋率90%的需要。

2. 避免应激 任何应激都会造成产蛋高峰期产蛋率的波动。为了防止产蛋率出现波动，产蛋高峰期内应尽量避免进行免疫、抓鸡等工作，尽量保持鸡舍的相对安静。控制鸡舍的环境，使温度、湿度和空气质量适合鸡群的需要，光照时间达到16.5～17小时。

3. 鸡群达到90%以上产蛋率 鸡群产蛋率达到90%以上并维持较长的时间对于饲养者来讲显得很重要，是对其饲养管理水平的肯定。高峰产蛋率是受生长期和产蛋期的管理、环境、疾病和营养所影响，选育代次对高峰产蛋率也有影响，但是只要是优良杂交商品鸡，产蛋率都能达到90%以上。产蛋高峰也是衡量鸡群性成熟时整齐度的一项指标，整齐而体重适当的鸡群能达到最佳的产蛋高峰。以下方法可以帮助鸡群达到产蛋高峰。

(1)生长阶段 保持良好的环境卫生；做好各种疫苗的接

种工作;使用足够的营养平衡日粮;适宜的光照制度,育成阶段最好使用封闭鸡舍。

(2)产蛋阶段　适当的时候增加光照;增加产蛋期日粮的营养水平;给予良好的通风和保持舒适的环境;供给清洁的饮水;经常观察鸡群,淘汰不合格个体;饲养密度适当。

(三)产蛋高峰期营养需要量

1. 能量需要　在多数环境条件下,能量的摄入量是蛋鸡生长和产蛋的限制因素。控制能量摄取并不容易,它受遗传和环境因素的控制,而不是日粮能量水平。控制能量摄取的最佳办法是通过饲养管理来实现,特别是实施各种促进采食的办法。如饲喂颗粒料、增加光照和延长采食时间等。能量需要量和鸡的体重、环境温度、产蛋率等因素有关。表 7-2 列出不同体重的普通产蛋鸡不同产蛋率时每天的代谢能需要量,条件是 20℃的环境温度和体重无变化。虽然节粮型蛋鸡还没有系统的和表 7-2 中对应的数据,但是实践中代谢能明显低于表中数值。

表 7-2　普通产蛋鸡代谢能需要量　(单位:兆焦)

体重(千克)	产蛋率(%)					
	0	50	60	70	80	90
1.0	0.54	0.80	0.86	0.91	0.96	1.01
1.5	0.74	1.00	1.05	1.10	1.15	1.21
2.0	0.91	1.17	1.22	1.28	1.33	1.38
2.5	1.08	1.33	1.39	1.45	1.50	1.55
3.0	1.23	1.50	1.55	1.60	1.65	1.71

由表 7-2 可以看出，体重 1.5 千克的蛋鸡在 20℃的环境温度和体重无变化的情况下要达到 90%产蛋率，每天需要 1.21 兆焦的代谢能。如果饲料的代谢能含量为 11.3 兆焦/千克，则每天需要采食 107 克；如果饲料的代谢能为 11.72 兆焦/千克，则需要采食 103 克饲料；如果饲料的代谢能为 11.09 兆焦/千克，则需要每天采食 109 克饲料。实际节粮型蛋鸡饲料消耗量要少于上述标准 15%左右。在某些情况下鸡可以通过增加采食量满足代谢能的需要，但是其他营养物质的摄入量可能就偏高。有些情况下则不能通过增加采食来满足能量的需要，如夏季高温季节鸡本身采食时间就少，不可能采食更多的饲料，在这种情况下鸡群要保持较高的产蛋率，只有体重下降。

2. 蛋白质和矿物质需要量 能量摄入量主要影响蛋鸡的产蛋率，而蛋白质摄入量影响鸡的蛋重。一般来讲体重大的鸡采食量大。因此，摄入的蛋白质较多，蛋重也较大。组成蛋白质的成分是氨基酸。因此，蛋白质的营养主要是氨基酸的营养，其中含硫氨基酸最为重要，然后是其他必需氨基酸和矿物质。产蛋鸡矿物质需要量除了钙、磷之外，其他元素需要量和育成鸡差别不大(表 7-3)。

表 7-3 节粮型蛋鸡重要氨基酸及矿物质每天摄取量

成 分	每只鸡每天摄取量		
	18～36 周龄	37～52 周龄	>53 周龄
粗蛋白质(%)	15.0	14.5	14.0
蛋氨酸(毫克)	370	360	345
蛋氨酸+胱氨酸(毫克)	720	690	660
赖氨酸(毫克)	780	755	730

续表 7-3

成　分	每只鸡每天摄取量		
	18～36 周龄	37～52 周龄	>53 周龄
色氨酸(毫克)	185	180	175
钙(克)	3.20	3.40	3.60
总磷(克)	0.65	0.55	0.45
钠(克)	0.17	0.17	0.17

(四)产蛋后期的管理

1. 控制给料量　产蛋高峰阶段一直采用自由采食，高峰之后鸡的产蛋率下降，蛋重增加，对营养的需要量减少，但是鸡自己并不能控制进食量。因此，高峰过后 2 周开始应控制饲喂量。控制鸡饲料摄取量的好处是降低饲料成本。限制饲喂采用的方法是试探性方法，每 100 只鸡每天减少给料量 200 克，连续 3～4 天。如果饲料减少未使产蛋量出现异常下降，则继续 2 周使用这一饲料量，然后再尝试类似的减量。如果产蛋量出现异常下降，则要恢复到这次减料前的水平。

2. 增加饲料中钙的含量　产蛋后期鸡蛋变大，钙的利用率降低，蛋壳质量变差，破损率上升，饲料中钙的含量需要适当增加，一般 40 周龄以后的鸡饲料中钙的含量需要增加到 4%。

3. 控制蛋重增加　蛋重太大不仅破损率高，而且不利于包装和运输，成本增加。产蛋率达到高峰后逐渐降低饲料中粗蛋白质浓度。控制蛋重增加的方法首先是控制给料量，也可以降低饲料中粗蛋白质含量的 1 个百分点，还可以减少蛋氨酸的添加量0.05%，或者减少亚油酸含量。无论采用哪种方法，前提是产蛋率不能受影响。

4. 免疫 原则上产蛋期不进行任何免疫，以免影响产蛋率。但是随着日龄的增加，有些病的抗体水平降低，需要加强免疫，尤其是新城疫和禽流感，在40周龄后根据抗体监测情况可进行加强免疫。

(五)生产控制技术

1. 产蛋鸡的限制饮水 为减少粪便中的水分，可限制饮水量。方法是让鸡饮水15分钟，饮后2小时不给水，在整个光照期重复这一过程。但是在夏季不要限制饮水，熄灯前1～2小时不要停水，这期间鸡要贮备足够的水分。

2. 维持一定大小的体重 要达到较高的产蛋水平，产蛋母鸡必须有合适的成年体重，来航鸡合适的成年体重为1 700克左右，褐壳蛋鸡为2 100克左右，节粮型蛋鸡为1 550克左右。寒冷季节鸡容易采食量过大而使体重偏高，要进行限饲或降低饲料营养浓度。炎热季节，鸡的采食量减少，体重很容易出现下降。一方面要通过增加采食时间增加采食量，另一方面要提高饲料的营养浓度。

3. 减少饲料浪费 浪费饲料就是浪费金钱。饲料浪费量占饲料量的10%左右，主要有以下几方面：①手工加料过程中撒落的饲料；②饲槽不合理，鸡啄出的饲料；③饲槽破损漏掉的饲料；④鸡舍环境温度不合适，额外增加鸡的采食量；⑤其他形式的浪费，包括老鼠吃、发霉变质等。为减少浪费，饲槽中的饲料不要超过1/3，并采取其他相应措施。

(六)防止啄癖

啄癖是鸡的一种常见行为病,是鸡的一种"恶习"。啄癖严重时会给养鸡场造成较大的经济损失,可占到死亡数的80%以上,对此病必须加以重视。

1. 诱发啄癖的原因 诱发啄癖的原因有内在的,如笼养鸡缺少活动空间、鸡体生理上的变化时期(换羽、性成熟)易引发啄癖。更主要的还是外在的原因。诱发啄癖的外在因素主要有以下几点。

第一,日粮中蛋白质不足或蛋白质质量差。

第二,日粮中某种氨基酸缺乏或氨基酸不平衡。由于新羽发生需要大量含硫氨基酸等营养,若日粮中含硫氨基酸如胱氨酸、蛋氨酸缺乏,易引起啄羽。

第三,日粮中维生素缺乏。维生素 B_{12} 影响叶酸、泛酸、胆碱、蛋氨酸的代谢,当缺乏时会影响雏鸡的生长发育,使其生长减慢,羽毛生长不良,引起啄毛或自食羽毛。生物素参与氨基酸代谢与神经营养过程,当不足时会影响内分泌腺的分泌活动引起脚上发生皮炎,头部、眼睑、嘴角发生表皮角质化,从而诱发啄癖。泛酸缺乏时引起羽毛差,口角、眼睑皮炎,脚掌痛。烟酸缺乏也能引起皮炎与趾骨短粗,往往也诱发啄癖。

第四,日粮中矿物质不足或不平衡。锌、铜、硒、铁、钙、钠缺乏,或钙、磷比例失调,使鸡采食量减少,饲料消化利用率降低,易引起鸡啄蛋、啄肛、啄羽和食血等恶食癖。

第五,日粮能量高但粗纤维含量低。鸡对粗纤维的消化能力很低,尤其是雏鸡日粮中含过多的粗纤维会造成消化不良,但粗纤维缺乏时肠蠕动不充分,又容易引起啄肛现象。一般认为日粮中粗纤维含量以2.5%~5%为宜。

第六，饲料中缺乏颗粒状物质。饲料粒度过小或缺乏沙砾，容易引发啄癖。

第七，饲养密度过大。

第八，采食与饮水槽位不足和随意改变饲喂方式。

第九，温度过高、湿度过大和通风不良。

第十，光照时间过长、光照强度和光色不适当。光照过强会强烈刺激鸡的兴奋性，对育成鸡可引起性成熟早于体成熟，早产易造成脱肛，引起啄肛。

第十一，外伤、鸡体表寄生虫、泄殖腔发炎或脱出、一些有腹泻症状的鸡病也会诱发啄癖。

2. 预防措施

(1)断喙　国内外养鸡的大量实例证明，断喙是防止鸡群发生啄食癖最经济、最有效的方法。无论是蛋用鸡还是肉用鸡，无论是高密度平养还是笼养，无论是开放式鸡舍还是封闭式鸡舍均有效。断啄质量很重要，若断喙不标准，例如断得过轻，则鸡会很快长出新喙尖，鸡群仍然会出现啄癖；如果断得过长，会影响采食和生长；如果有漏断喙的鸡存在，则给鸡群留下了啄癖的隐患。

(2)合理光照　光照强度以鸡可以正常采食为原则，光照时间除进鸡或转群后 1～2 天可以保持 23 小时之外，一般不超过 17 小时。散养鸡产蛋箱除准备充足外，还要安置在光线较暗、通风的地方，以防产蛋的母鸡因肛门努责而被啄肛。

(3)饲料营养全价平衡　饲料中应含有足够的优质蛋白质，尤其要含有一定数量的动物性蛋白质。此外，矿物质和各种维生素的含量要满足需要，经常饲喂一些颗粒状的沙砾，可以有效减少啄癖的发生。因饲料原因引起的啄肛在查清原因后，分别采取相应措施，如往饲料中添加 1%～2%石膏粉 3～

5天，或补充含硫氨基酸；饲料中增加0.2%食盐2～3天。啄肛严重时，应用啄肛灵按2.7%拌饲料，连喂7天为1个疗程，间隔1天后进行下一个疗程，连喂3个疗程。

(4)饲养密度适宜　适宜的饲养密度和饲养方式与鸡的周龄有关。笼养鸡可比平养鸡提高饲养密度2～3倍。无论哪种饲养方式都必须保证每只鸡有足够的采食、饮水和活动空间，如果鸡舍有降温设备，则每平方米可养成年鸡16只以上。

(5)加强疾病控制　通过净化和预防，有效控制肠道疾病的发生，必要时采取药物治疗。

(6)加强管理　转群、免疫等对鸡群应激大的活动尽量安排在晚上。随时将被啄伤的鸡抓出来。如有饲养价值可在被啄处涂些紫药水、碘酊或鱼石脂等颜色暗并带有特殊气味的药物，然后隔离饲养。

饲养中随时将具有啄癖的鸡挑出，及时处理，以消除啄食因素，减少啄伤机会。采用密闭式鸡舍养鸡可降低啄癖的发生率。

(七)提高蛋壳质量

蛋壳质量指蛋壳的强度、厚度、颜色和光滑度。蛋壳质量影响鸡蛋的破损率。一般情况下，从产出到消费鸡蛋的破损率高达8%，好的鸡场可控制在3%以下。通过以下措施可以改善蛋壳质量。

1. 控制光照　长光照蛋壳质量较好，下午产的蛋蛋壳形成时间长，蛋壳质量较好。

2. 控制日粮中钙、磷比例和含量　产蛋期钙、磷比例适当，其他营养配比合适的情况下，高钙(4%)日粮可提高蛋壳质量。高磷对蛋壳的形成不利。

3. 控制饮水中的盐分 饲料中加入的食盐对蛋壳无不良影响，但是含盐量高的饮水可引起蛋壳质量的下降。每升水中含盐量 0.25 克，则引起蛋壳缺陷的数量增加 2 倍；若含盐量达到 0.6 克，蛋壳缺陷数量增加 3 倍；若含盐量达到 1 克，大部分蛋成为薄壳蛋。

4. 使用石灰石颗粒 一般石灰石颗粒大小要求 3.35 毫米。使用石粉，钙在体内保持时间短，而大部分蛋壳在下午和晚上形成。颗粒石灰石可延缓消化吸收时间，可形成较坚硬的蛋壳。

5. 保证日粮中维生素 D_3 的含量 其需要量受钙与磷比例、磷来源、日粮中霉菌毒素的影响。日粮中缺乏维生素 D_3，产蛋率下降，蛋变小，畸形蛋多，还会引发啄癖。

6. 控制疾病 鸡传染性支气管炎、鸡慢性呼吸道病、鸡新城疫、鸡产蛋下降综合征、鸡大肠杆菌病等影响蛋壳腺分泌，使蛋壳变脆、颜色变浅。

四、生产标准与产蛋曲线

在正常情况下，鸡群产蛋有一定的规律性，可以用曲线图表示。不同品种的鸡，产蛋曲线虽有所不同，但一般从开产后经 3～4 周都能进入产蛋高峰，高峰期过后产蛋开始下降，直至产蛋结束。在饲养管理中，可绘制成不同的产蛋曲线图，以便及时掌握鸡群产蛋变化的情况，改善饲养管理方式。每周对照标准曲线勾画实际的产蛋曲线，如果产蛋率偏离标准曲线要及时找出原因。

一般来说，鸡群产蛋量下降后是很难回升的。越接近产蛋后期，越难回升，即使回升，回升的幅度也不大。如发现鸡群产蛋量异常下降，要尽快找出原因，采取相应措施加以纠正，避免造成更大的经济损失。如无特殊情况，在产蛋高峰期的鸡不能乱投药和进行免疫接种，千万不要更换饲料。否则，鸡的产蛋率会受到很大影响。

饲养因素如日粮中饲料成分发生显著变化或质量有问题，可引起产蛋变化。若日粮中饲料的种类突然改变、饲料搅拌不均、饲料发霉变质、更换鱼粉及酵母粉、食盐含量高、石粉添加量偏高、将熟豆饼换成生豆饼、饲料中忘记加盐等，都能降低鸡的采食量，引起消化不良。如产蛋率正常，鸡的体重不减轻，说明给料量和提供的营养标准符合鸡的生理需要，没有必要更换饲料配方。环境因素也可造成产蛋率的变化，如光照、通风、天气闷热、突然降温、断水等。另外，鸡群患传染病会使产蛋量突然下降。图 7-2 是国家家禽测定中心对农大 3 号小型蛋鸡测定过程中绘制的产蛋曲线。可以看出，其中产

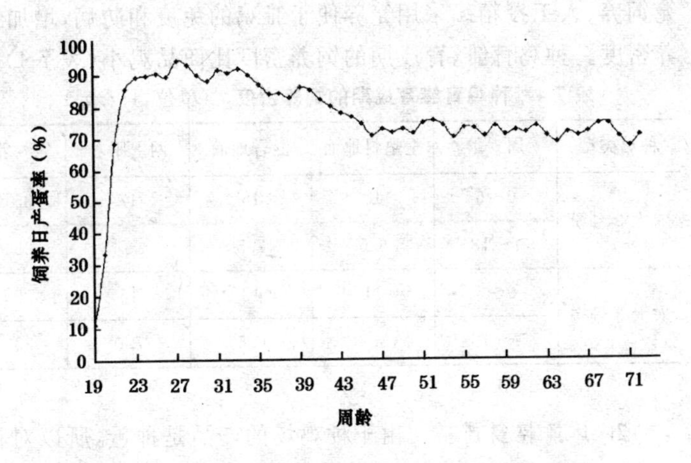

图 7-2　农大 3 号小型蛋鸡产蛋曲线实际描绘图

蛋率的变化，每次较大幅度的变化都是由于环境或气候条件发生改变引起的。

五、种鸡的饲养管理

节粮型蛋鸡种鸡和普通蛋鸡种鸡在饲养管理方面有很多相同点，有些方面和商品蛋鸡相同，也要采取生产商品蛋所必须的措施，相同的方面本章不再重复。由于种鸡是为了生产种蛋，所以在管理方面和商品蛋鸡就有了一些差别。下面将着重介绍种鸡不同于商品代蛋鸡的饲养管理技术。

(一)种鸡饲养管理特点

1. 饲养方式和饲养密度 我国蛋种鸡大多采用笼养，其中育雏期(0～6 周龄)采用 4 层重叠式育雏笼，育成期(7～18 周龄)采用 3 层或 2 层育成笼，产蛋种鸡采用 2 层或 3 层蛋鸡笼饲养、人工授精。采用笼养便于雏鸡的免疫和防病，增加饲养密度。种鸡育雏、育成期的饲养密度比商品鸡小(表 7-4)。

表 7-4 种鸡育雏育成期的饲养密度 (单位：只/米²)

种鸡类型	周　龄	全垫料地面	混合地面	网上平养	笼　养
农大 3 号粉	0～6	13	15	17	35
	7～18	6.5	7.5	8	25
农大 3 号褐	0～6	11	13	15	29
	7～18	5.5	6.5	7.0	20

2. 环境控制严格 由于种鸡场的产品是种蛋，所以对种鸡场的环境卫生要求较严，主要是控制外源病菌和病毒的侵

入。种鸡场应建立严格的卫生防疫制度，外来人员和车辆必须经过消毒，场内各种机械用具也要定期清洗消毒，鸡舍周围定期喷洒10%～20%石灰乳或3%～5%火碱溶液。鸡群定期进行带鸡消毒。

种鸡对光照、温度、湿度、通风等要求和商品鸡基本相同，不同点是产蛋期光照强度为20勒左右（3～4瓦/米^2），光照时间16小时；因为种母鸡是普通体型，育雏前3天温度要求比商品代蛋鸡低，33℃～34℃即可。

3. 对某些营养物质需要稍高 种鸡育雏、育成阶段大多数的营养物质的需要量和商品鸡一样。种鸡的营养物质的需要量与商品蛋鸡基本相同，但是满足产蛋的维生素和微量元素需要量可能难以满足胚胎发育的需要。提高种鸡日粮中的维生素和微量元素水平可增加种蛋中这些营养物质的含量。高水平的核黄素、泛酸和维生素B_{12}对孵化率特别重要，其他营养物质也有一定影响。所以，种鸡饲料中某些微量元素和维生素的需要量比商品鸡定得高。表7-5是NRC第九版提供的蛋种鸡和蛋鸡维生素和微量元素需要量。实际生产中的维生素添加量要高于该标准3倍。

表7-5 种鸡与商品蛋鸡维生素和微量元素需要量对比

名称	单位	需要量/只·天		
		白壳蛋种母鸡（每天采食100克）	白壳商品蛋鸡（每天采食100克）	褐壳商品蛋鸡（每天采食110克）
碘(I)	毫克	0.01	0.004	0.004
铁(Fe)	毫克	6.0	4.5	5.0
锰(Mn)	毫克	2.0	2.0	2.2

续表 7-5

名称	单位	需要量/只·天		
		白壳蛋种母鸡（每天采食 100 克）	白壳商品蛋鸡（每天采食 100 克）	褐壳商品蛋鸡（每天采食 110 克）
硒(Se)	毫克	0.006	0.006	0.006
锌(Zn)	毫克	4.5	3.5	3.9
维生素 A	国际单位	300	300	330
维生素 D_3	国际单位	30	30	33
维生素 E	国际单位	1.0	0.5	0.55
维生素 K	毫克	0.1	0.05	0.055
维生素 B_{12}	毫克	0.008	0.0004	0.0004
生物素	毫克	0.01	0.01	0.011
胆 碱	毫克	105	105	115
叶 酸	毫克	0.035	0.025	0.028
烟 酸	毫克	1.0	1.0	1.1
泛 酸	毫克	0.7	0.2	0.22
吡哆醇	毫克	0.45	0.25	0.28
核黄素	毫克	0.36	0.25	0.28
硫胺素	毫克	0.07	0.07	0.08

4. 适时更换种鸡料 种鸡从育成鸡日粮换成产蛋期日粮的方案和商品蛋鸡的方案相同。所不同的是蛋种鸡使用的是能够产生高受精率和高孵化率种蛋的种鸡日粮，而不是商品鸡日粮。在 18 周龄左右改用种鸡日粮，这样可以使新母鸡有足够的时间在蛋黄中存积某些维生素和其他营养成分，以

便第一批种蛋就有较好的孵化效果。

5. 控制蛋重 太大和太小的鸡蛋都不适合做种蛋。要获得更多的合格种蛋,就要减少产蛋初期的小蛋数量和控制后期蛋重的增加。为了减少产蛋初期的小蛋数量,种鸡开产日龄应控制得比商品鸡晚1周左右,这样种母鸡开产时体重稍大一些,产蛋初期的蛋重也就相应大一些。

通过营养途径可以略微改变蛋重。一些研究表明,提高蛋氨酸、牛磺酸、亚油酸或蛋白质水平(超过需要量),可使蛋重增加。在等能量的日粮中,提高脂肪或油脂的添加量可使蛋重增加。降低日粮能量水平,如用大麦或高粱代替玉米,会降低蛋重。

老母鸡产大蛋的比例较高,大蛋对于做种蛋不利,所以饲料配方人员的目标是降低老母鸡的蛋重。降低第一限制氨基酸水平可减少蛋重,如将38周龄以上的母鸡每天的蛋氨酸供给量从300毫克降低到270毫克,可使蛋重降低约2克。但是当第一限制氨基酸低于需要量时,产蛋率和蛋重都成比例下降。当蛋重降低到90%时就停止下降,再降低氨基酸水平只能使产蛋率下降。

6. 饲喂周期 商品蛋鸡一个饲养周期一般都超过500天,种鸡一个饲养周期一般在470天左右。因为产蛋后期的种蛋不仅蛋重大,标准孵化盘放不进去,且破损率高,孵化率低,雏鸡质量也较差。

(二)种公鸡的饲养管理

1. 公母分群饲养 种公鸡一般为红羽毛,容易受到白母鸡的攻击,混群周龄应提前到4周龄或有一个过渡期。公母雏鸡分开饲养,有利于各自的生长发育和公鸡的挑选。4周龄后，挑选发育良好、体重达标的公鸡和母鸡混合饲养。混合饲养有利于及早建立群体的“群序”，减少性成熟时因斗殴影响产蛋和受精率。

种鸡笼养人工授精可以使公母鸡始终分开饲养，避免彼此的干扰，有利于公母鸡各自的正常发育。公鸡单独饲养时应注意以下几点：①公母鸡应按同样的光照程序，以便同步性成熟；②控制光照强度和光照颜色，防止公鸡啄斗；③控制饲料喂量，公鸡是矮小型，育成期采食量和褐壳蛋母鸡相似；④公母鸡混群时最好在关灯后进行。

2. 饲喂设备和饲养密度 种公鸡比母鸡应当有较大的生活空间及饲喂设备，饲养密度一般为 3～5 只/米^2。饲槽长度 20 厘米/只。人工授精的种公鸡须单笼饲养。国内目前生产的 9LJG-216 型公鸡笼，规格为 187.2 厘米×40 厘米×50 厘米，每条笼分为 8 格，每格 1 只公鸡，饲养轻型公鸡效果很好。

3. 公鸡的选择和公母鸡比例 出壳时初选，6～8 周龄时进行第一次正式选择，淘汰残、弱，脚垫、腿和趾有毛病，鉴别误差以及其他缺陷的小公鸡。

公鸡的第二次选择是在 18 周龄左右。在由育成鸡转到成鸡舍时，选留体重符合品系标准的公鸡，根据种鸡饲养方式留足公鸡。自然交配公母鸡比例 1∶8～10，人工授精 1∶20～30。单笼饲养公鸡在 20 周龄至采精阶段因死淘率较高，所以此时留种公鸡较多，实际人工授精时公母鸡比例为 1∶25～30 就可满足需要。

4. 公鸡的营养需要

(1)育雏育成阶段的营养需要 种公鸡育雏育成期的营养需要和蛋鸡无大的区别，代谢能 11.30～11.92 兆焦/千克，粗蛋白质育雏期16%～18%，育成期12%～14%，就能满足生长期的需要。

(2)繁殖期的营养需要　目前国内蛋种鸡饲养过程中，公鸡大多采用与母鸡同样的日粮，对种蛋受精率和孵化率无显著影响。种公鸡对蛋白质和钙、磷的需要量低于母鸡的需要量，饲料中粗蛋白质含量为12%～14%，每日采食10.9～14.8克粗蛋白质，就能满足需要。钙需要量为79.8毫克/千克体重，磷需要量不高于110毫克/只·天。公鸡使用单独的公鸡日粮，有利于保持长久的繁殖性能，但是用量少，不方便生产，可以采用50%种母鸡饲料与50%育成鸡饲料混合使用。

5. 公鸡的管理

(1)断喙、断趾和剪冠　自然交配公鸡不断喙或轻度断喙。公鸡断喙的合适长度是母鸡的一半。公鸡一般和母鸡同时断喙，即6～9日龄断喙。在10～14周龄或18～20周龄时将漏切、断喙效果不好、上下喙扭曲等形状的鸡喙进行补断或重断。

自然交配公鸡可以不断喙，但是要断趾以免配种时抓伤母鸡。断趾还是作为区分公母的标记。断趾在1日龄进行，由孵化厂完成此项工作。

种公鸡剪冠的目的是做标记，以便区分鉴别误差的公鸡，尤其公鸡和母鸡均为同一颜色的品种，如白来航鸡。高寒地区为防止鸡冠冻伤，也可剪冠。剪冠的方法是雏鸡出壳后用弧形手术剪刀，紧贴头皮剪下鸡冠。炎热地区可以用断趾做记号，不要剪冠，因为鸡冠是很好的散热器官。

(2)饲养环境　成年公鸡在20℃～25℃环境下，可产生理想品质的精液。温度高于30℃，导致暂时抑制精子产生，适应后又会产生精子，但数量减少。温度低于5℃时，公鸡性活动降低。

12～14小时的光照时间公鸡就可以产生优质精液，光照少于9小时精液品质下降。光照强度要求10勒以上。

（3）公鸡的淘汰和补充　经过一段时间的配种或采精，有些公鸡因病、受伤而丧失繁殖能力，要及时淘汰。自然交配的公鸡有些在啄斗序列中排位较低，不敢配种；个别排位最前的公鸡占有较多的母鸡，自身配种过量，又不许其他公鸡交配，影响受精率，这些公鸡要及时淘汰。为保持较高的受精率，要及时补充新公鸡。补充新公鸡可在晚上进行，以减少斗殴，并注意观察补充公鸡后的鸡群情况。

第八章　卫生保健与防疫

鸡体健康对保证鸡的高产、提高养鸡的经济效益有至关重要的作用。养鸡场要想预防和控制鸡病，必须认真采取一系列综合性防治措施。一方面要加强科学的饲养管理，搞好环境卫生，合理免疫接种，必要时投入药物等，以提高鸡的抗病能力；另一方面采取检疫净化、隔离、消毒等措施，并持之以恒，以降低或杜绝疾病的发生，减少经济损失，提高养鸡的经济效益。

一、鸡场综合防疫制度

（一）控制主要传染源

传染病的发生与流行，必须具备传染源、传播途径与易感动物这三个环节，缺一不可。因此，要从这三个方面入手，控制传染病的发生。各种传染源的传播媒介和途径虽不一样，但很多传染源可通过狗、猫、家禽、野鸟等动物与人以及车辆、包装容器、饲料、水源、尘埃等为载体和媒介进行传播和扩散。为切断传播途径，鸡场生产区和办公区应严格隔离开，生产区应谢绝参观，出入车辆要消毒。病鸡、死鸡、鸡粪等要及时清除，做无害化处理。无害化是指不仅消灭病原微生物，而且要消灭它分泌排出的有生物活性的毒素，同时消除对人、畜具有危害的化学物质。开放式鸡舍要设防护网，防止飞鸟进入。定期进行灭蝇和灭鼠工作。

（二）鸡病防疫的原则

1. 综合防疫 良种、饲料、防疫、设备和管理是养鸡业的五大支柱，应相互配套，互相联系，互相促进，否则不利于疾病的防治。

2. 疫病控制的重点在于预防 综合防疫的措施包括（饲）养、防（疫）、检（疫）、治（疗）这四个字。主次顺序如下：①杜绝引入（根除疾病）→②卫生与消毒→③免疫预防→④药物预防→⑤饲养管理→⑥加强营养→⑦药物治疗。

（三）综合防疫的内容

1. 科学的饲养管理

（1）建立严格的兽医卫生管理制度，并严格执行

第一，严格限制参观，非生产人员不得进入生产区。生产人员进入生产区时，要洗澡、更衣后经消毒池方可进入生产区。

第二，进入生产区的车辆要严格消毒，禁止串栋和互借饲养用具、设备，鸡场的所有用具专人专用、专区专用，用完后消毒。

第三，要保持饮水卫生。

第四，鸡场引种或调入鸡时，要隔离观察1个月以上。

第五，贯彻“全进全出”的生产制度。

第六，要经常保持舍内的清洁卫生。定期带鸡消毒，喂料和饮水设备要定期消毒，注意舍内的通风换气。

第七，要保持饲料卫生。防止饲料被污染、霉败、变质、生虫等。

第八，做好粪便的无害化处理。粪场设在生产区外。粪

便的无害化处理的方法较多，常用的有普通鸡粪堆积生物热处理法和鸡粪干燥无害处理法。

第九，做好病禽的隔离和死禽的妥善处理。

(2)按照鸡的不同生长阶段的营养需要供应全价配合饲料　这不仅是保证鸡正常发育和生产的需要，也是预防鸡病、增强鸡群非特异性抗病力的基础。

(3)保证适宜的温度与饲养密度、合理的光照制度　冬季注意保暖，夏季注意通风换气与降温。保持舍内空气新鲜，减少或避免各种有害应激因素。

(4)建立经常的观察与登记制度　饲养人员要详细记录有关情况，并经常仔细观察鸡群，做到早发现、早治疗、早处理，防患于未然。观察的内容有：室内温度、湿度，鸡的饮水和采食量，精神状态和羽毛变化，粪便的形状、颜色和气味，呼吸的动作和声音等。对产蛋鸡还要观察产蛋率与产蛋量。如果采取预防和治疗措施，应详细记录用药时间，用药名称、种类、剂量以及给药途径、用药后的变化等。

2. 预防接种　预防接种的意义在于使易感鸡群变为不易感鸡群，从而减少疫病流行程度或避免鸡群发病。大多数病毒性疾病都可以通过接种疫苗使鸡得到有效的保护。

3. 药物预防　对尚无有效菌苗或菌苗免疫效果不理想的细菌病，如鸡白痢、禽霍乱、鸡败血支原体病和鸡球虫病等，采用药物预防和治疗可收到较好的效果。

4. 检疫净化鸡群　主要目的是防止疫病的水平传播和垂直传播。目前实行定期检疫的主要疫病有鸡白痢、鸡支原体病、禽白血病、鸡马立克氏病、禽流感、鸡产蛋下降综合征等。对每次检出的阳性种鸡要坚决淘汰。对检出患有禽流感的鸡场应按国家的有关规定处理，要严格隔离，扑杀全场鸡只,全面消毒。对检出沙门氏菌的阳性商品鸡要隔离饲养,单独进行治疗。这样每年有计划地进行几次检疫,可逐步净化鸡群。

5. 卫生与消毒

(1)环境的消毒　鸡舍周围环境每2～3个月用火碱液消毒或撒生石灰1次;鸡场周围及场内污水池、排粪坑、下水道出口,每1～2个月用漂白粉消毒1次。在大门口设消毒池,使用2%火碱溶液或2%煤酚皂溶液。

(2)人员的消毒　工作人员进入生产区时,要洗澡、更衣、紫外线消毒。

(3)鸡舍的消毒　见蛋鸡饲养管理技术部分。

(4)用具的消毒　蛋箱、蛋盘、孵化器、运雏箱可先用0.1%新洁尔灭溶液或0.2%～0.5%过氧乙酸溶液消毒,然后在密闭的室内用甲醛液熏蒸消毒5～10小时。鸡笼先用消毒液喷洒,再用水冲洗,待干燥后再喷洒消毒液,最后在密闭室内用甲醛熏蒸,也可用火焰灼烧消毒。

(5)鸡体的消毒　也叫"带鸡消毒"。有利于减少环境中的微生物,但其防病效果如何众说不一。常用于带鸡消毒的药品有0.3%过氧乙酸,0.1%新洁尔灭,0.1%的次氯酸钠溶液。

6. 杀虫、灭鼠与控制飞鸟　许多昆虫(蚊、蝇)和鼠类是鸡的主要传染病传播媒介和传染源,因此杀虫和灭鼠是防治鸡病的一个重要措施。

(1)杀虫　常用化学药物杀虫。鸡场环境用0.1%～0.5%敌百虫或0.1%～0.2%敌敌畏,每2～3天喷洒1次,可结合环境消毒同时进行。鸡舍内可用0.03%蝇毒磷乳剂喷洒栖架、地面等处,用1%～2%敌百虫水溶液浸泡昆虫喜吃的饲料做毒饵，以杀死舍内昆虫。

(2)灭鼠　定期投放灭鼠药。

(3)控制飞鸟　鸡场周围如果种树，要有防鸟措施，避免鸟飞到鸡舍。开放式鸡舍的通风带和地窗应设防护网。

(四)发生疫情时的紧急措施

1. 隔离　隔离病鸡，指派专人饲养管理，同时尽快诊断，以便及早采取有效治疗措施。对烈性传染病要报告当地兽医主管部门，必要时采取封锁措施。

2. 消毒　在发病期间，应对鸡场门口、生产区进口和鸡舍门口、道路及所用器具严格消毒。垫料和粪便要彻底清扫，严格消毒后方可使用。病死鸡要深埋或无害化处理，在最后1只病鸡治愈或处理后3周，再进行1次全面的消毒，方可解除隔离或封锁。

3. 紧急免疫接种　使用疫苗紧急接种，不但可以防止疫病向周围地区蔓延，而且对某些疫病如新城疫还可减少已发病鸡群的死亡损失。紧急接种应对鸡场内所有的鸡普遍进行接种才能获得一致的免疫力，不留下易感鸡。为了保证接种效果，疫苗剂量可加倍使用。不是所有疫苗均可用于紧急接种，只有证明紧急接种有效的疫苗(如鸡新城疫Ⅰ系、传染性法氏囊病中等毒力苗、喉气管炎弱毒苗)才能使用。

4. 紧急药物治疗　治疗的关键是在确诊的基础上尽早实施，这对控制疫病的蔓延和防止继发感染起重要作用。紧急药物治疗有3项措施：①采用高免生物制品(如高免血清、高免卵黄等)治疗；②采用抗生素和化学药品治疗；③采用中药疗法。

总之，发生疫情时，要做到早发现、早确诊、早处理、早扑灭，把损失降至最低点。

二、免疫接种

(一)免疫接种的意义

免疫接种是指将抗原(疫苗、菌苗)通过滴鼻、点眼、饮水、气雾或注射等途径，接种到鸡体内，这时鸡体对抗原产生一系列的应答，产生一种与特定抗原相对应的特异物质，称之为抗体。当再遇到这种特定病原侵入鸡体时，抗体就会与之发生特异性结合，从而保障鸡不受感染，也就是通常所说的有了免疫力。免疫接种的意义就在于使易感鸡群变为不易感鸡群，从而减少疾病流行程度或避免鸡群发病。因此，免疫接种在养鸡业疾病预防中具有十分重要的意义。

(二)建立科学的免疫程序

制订科学免疫程序，主要应考虑以下几个方面因素：①当地鸡疫病的流行情况及严重程度；②母源抗体水平；③上次接种后存余抗体的水平；④鸡的免疫应答能力；⑤疫苗的种类、特性、免疫期；⑥免疫接种方法；⑦各种疫苗接种的配合；⑧免疫对鸡体健康及生产能力的影响等。

(三)影响鸡群免疫的因素

1. 鸡群的遗传因素 疫苗接种的免疫反应在一定程度上是受遗传控制的。因此，不同品种的鸡对疫病的易感性、抵抗力和疫苗的反应能力均有差异。

2. 鸡群的营养因素 饲料中的很多成分如维生素、微量元素、氨基酸等与鸡的免疫系统的免疫能力有关。

3. 环境因素 由于动物抗体的免疫功能在一定程度上受到神经、体液、内分泌系统的调节。因此，鸡群处于一些应激状态如过冷、过热、通风不良和潮湿等，均会不同程度地导致鸡群的免疫反应下降。

4. 疫苗 疫苗是影响免疫效果的一个关键性因素。疫苗安全有效，并通过正确的使用途径，才会保证免疫效果。因此，要注意疫苗的保存、运输、稀释、使用等过程中需要的条件。

5. 病原微生物的抗原变异性与血清型 对于多血清型的病原，使用单一血清型疫苗常很难获得理想的免疫效果。因此，在生产中应考虑多价疫苗的使用。另外，一些病原的疫苗株与流行毒株在抗原性上有差异，这也是影响免疫效果的因素。

6. 疾病对免疫的影响 某些免疫缺陷病、中毒病，特别是一些传染病如传染性法氏囊病、马立克氏病、传染性贫血、网状内皮组织增生病等，会引起免疫抑制，导致免疫系统被破坏，使机体对多种疫苗的免疫应答能力严重下降或消失。

7. 母源抗体对免疫的影响 母源抗体既对雏鸡有被动免疫保护的一面，也有给疫苗接种带来不利的一面。特别是弱毒疫苗的免疫接种，母源抗体对进入体内的弱毒活苗有中和作用，从而使疫苗不能感染细胞，不能复制，从而影响了免疫效果。鸡新城疫(ND)疫苗、传染性法氏囊病(IBD)疫苗、马立克氏病(MD)疫苗接种时均存在母源抗体干扰现象，在进行这些弱毒疫苗接种时要考虑到这一点。通过监测雏鸡体内母源抗体水平，选择适宜的免疫日龄，可减少母源抗体对疫苗免疫的影响。

8. 病原微生物之间的干扰现象 即表现为一种病毒复制可干扰另一种病毒的复制(包括免疫用的活毒株之间),从而会导致某一种病原体诱导机体免疫应答的减弱。特别是使用弱毒疫苗时,如传染性法氏囊病毒对新城疫抗体的产生有干扰作用,尤其是传染性法氏囊病毒数量大时,这种干扰作用尤为明显。

(四)鸡群免疫失败的原因分析

从影响鸡群免疫效果的因素来分析免疫失败的原因主要有以下几点。

第一,母源抗体的干扰。主要是免疫过早或过晚。

第二,疫苗方面的因素。主要包括:①疫苗质量不好;②各种原因造成疫苗失效或效力下降(如保存不当,受高温、日光直射,pH 值不当,密封不严,稀释后放置过久,稀释液中含有消毒剂或金属离子等);③稀释方法不当;④接种方法不当(特别是饮水免疫和气雾免疫没有按要求去严格执行);⑤接种剂量不足或接种质量不高;⑥选择疫苗的抗原与鸡群中流行的毒株(菌株)的抗原型或血清型不符。

第三,联合使用了具有干扰作用的疫苗或使用这些疫苗之间的间隔时间不适当,特别是具有呼吸道症状的疾病的活疫苗。

第四,早期感染。由于环境消毒不严格或环境中存在野毒,使鸡只在免疫力尚未完全确立起来前,就感染了环境中的病毒,导致免疫失败。鸡传染性法氏囊病、马立克氏病的免疫失败,早期感染是其免疫失败的重要原因之一。

第五,免疫抑制因子的出现。如传染性法氏囊病、马立克氏病、霉菌毒素、中毒病和球虫病等。

第六，病毒抗原性的变异或超强毒株的出现。如超强新城疫病毒、超强马立克氏病病毒、传染性法氏囊病病毒血清Ⅰ型变异株等。

第七，鸡体的自身营养状况差。

第八，饲养管理条件差。鸡舍的环境条件恶劣等一些应激因素，也是造成免疫失败不可忽视的原因。

（五）基本免疫程序

不同的地区疫病流行特点各异，所以没有固定的免疫程序。鸡场要根据当地疫病流行情况和本场实际，制定科学合理的免疫程序。有条件的鸡场要进行抗体监测，根据抗体消长情况适时免疫是最科学的。不具备条件的鸡场，应参照提供雏鸡单位的免疫情况和本场的经验，制定合理的免疫程序。根据近年来传染病发生情况，现提供节粮型蛋鸡基本免疫程序见表 8-1，本程序仅供读者参考，不可照搬。农大 3 号小型蛋鸡基本免疫程序与普通蛋鸡相同。良好的免疫程序，能使鸡群保持高度、持久、一致的免疫力。

表 8-1　农大 3 号小型蛋鸡预防接种基本程序

日　龄	预防疫病名称	接种的疫苗名称	接种方法	备　注
1	马立克氏病	马立克 CV1988 细胞结合苗	颈部皮下注射	接种后需隔离 1 周
5～7	新城疫、传染性支气管炎	鸡新城疫克隆 C_{30} 弱毒苗＋传染性支气管炎 H_{120} 活疫苗	滴鼻、点眼	可预防多种类型传染性支气管炎

续表 8-1

日龄	预防疫病名称	接种的疫苗名称	接种方法	备注
10～13	传染性法氏囊病	传染性法氏囊病中等毒力苗	滴鼻、点眼	弱毒苗首免应提前到 7 日龄
10～14	H_5 禽流感	禽流感灭活苗	皮下注射	
22～25	新城疫、传染性支气管炎	鸡新城疫克隆 C_{30} 弱毒苗＋传染性支气管炎 H_{120} 活疫苗	滴鼻、点眼	加半剂量鸡新城疫灭活苗皮下接种
26～28	传染性法氏囊病	传染性法氏囊病中等毒力苗	饮水、点眼	使用弱毒苗需再加强免疫 1 次
30	H_9 禽流感	禽流感灭活苗	颈部皮下注射	使用 H_9 亚型灭活苗
35～42	传染性喉气管炎	传染性喉气管炎弱毒苗	滴口或擦肛	毒力较强，谨慎使用
	鸡痘	鸡痘弱毒苗	刺种	
60～70	H_5 禽流感	禽流感灭活苗	皮下注射	
70～80	新城疫、传染性支气管炎	新城疫Ⅰ系或Ⅳ系弱毒苗＋传染性支气管炎 H_{52} 活疫苗	肌内注射	

续表 8-1

日 龄	预防疫病名称	接种的疫苗名称	接种方法	备 注
90～100	传染性喉气管炎、鸡痘	鸡传染性喉气管炎弱毒苗，鸡痘弱毒苗	点眼、滴鼻、翅膜刺种	
110	H_5 和 H_9 禽流感	禽流感灭活苗	颈部皮下注射	可以使用联苗
120 前	新城疫、产蛋下降综合征、传染性支气管炎	鸡新城疫、产蛋下降综合征、传染性支气管炎（多价）三联灭活苗	肌内注射	同时用新城疫 IV 系＋传染性支气管炎 H_{52} 活疫苗饮水 1 次

新城疫根据抗体监测情况要及时免疫。如果缺少监测手段，建议 3 个月饮水免疫 1 次。有其他流行病的地区，如鸡支原体病、传染性鼻炎等，建议使用疫苗预防。坚持必须做的免疫接种必须要做，可做可不做的尽量不做的原则。

三、废弃物处理

（一）处理废弃物的意义

随着科学技术的发展和人们生活水平的不断提高，致使畜禽生产规模愈来愈大，现代化、集约化程度愈来愈高，饲养密度及饲养量急剧增加。畜禽饲养及其活体宰杀过程中产生的大量排泄物和废弃物，对环境的污染愈来愈突出。从环境保护的角度来看，畜牧业已成为一个不可忽视的污染源。据联合国粮农组织 20 世纪 80 年代估测，全世界每年仅鸡粪总量就达46亿吨，这些鸡粪若处理不当，则是一个相当大的环境污染源。因而，这一问题引起了当今世界畜牧界和环保组织的极大关注。一些发达国家将废弃物的利用作为一门“粪便科学”开展深入研究，1979年在日本首次召开了关于家畜排泄物的国际讨论会，我国深圳市于1991年7月召开了畜禽污水处理研讨会。人们力求变废为宝或废弃物资源利用，以充分发挥畜牧业生产优势。

（二）废弃物的产生

1. 鸡粪尿　1个养鸡场就是1个环境污染物生产场。据测定，1只鸡年排鲜粪约100千克，1个饲养10万只鸡的工厂化养鸡场，每天产鸡粪便可达10吨，年产鸡粪达3 650多吨。

2. 臭气　畜牧场臭气的产生，主要是两类物质，即碳水化合物和含氮有机物。在有氧的条件下，这两类物质分别分解为二氧化碳、水和最终产物；而在厌氧的环境条件下，则分解释放出带酸味、臭蛋味、鱼腥味、烂白菜味等带刺激性的特殊气味。若臭气浓度不大，量少，可由大气稀释扩散到上空，不致引起公害问题；若量大且长期高浓度的臭气存在，则会使人有厌恶感，给人们带来精神不愉快，影响人体健康。据1992年日本居民对畜牧业的投诉案件中，起因于臭气问题的占63.2%。我国近年也出现此类投诉案件，例如河南省泌阳县1个村3 000村民状告1个鸡场臭气扰乱村民生活和健康的投诉案件。当前城镇建设向郊区农村迅速延伸，原来远离城镇的饲养场与居民点距离缩短，畜牧场臭气问题必将引起社会的关注。

3. 污水　畜禽粪尿、畜禽产品加工业污水的任意排放，极易造成水体的富营养化。据统计，冲洗鸡舍的水和雨水冲刷鸡粪的水不经处理排入水流缓慢的水体，造成水体的“富营养化”。水体富营养化是畜禽粪、尿污染水体的一个重要标志。人们使用此水，易引起过敏反应。例如福建泉州马甲村某一水库被鸭粪污染，水库鸭粪沉积达数尺之厚，水质恶化，昆虫孳生，人的皮肤接触这种昆虫，便会出现腐烂性炎症反应。

4. 病死鸡和孵化厂产生的废弃物 这些废弃物易传播人兽共患病。据世界卫生组织和联合国粮农组织的资料(1958)，由动物传染给人的人兽共患病至少有90余种，其中由禽类传染的有24种，这些人兽共患疾病的载体主要是畜禽粪便及排泄物。目前有些乡镇专业户，在池塘边修建猪舍，猪圈上架设鸡笼，不讲条件，片面提倡鸡粪喂猪，猪粪喂鱼，誉之谓“良性循环，立体养殖”加以推广。其实，粪便未经无害化处理直接排入水中，极易造成人兽共患病的传播。

(三)鸡粪的收集和利用

1. 鸡粪的收集

(1)干粪收集系统 高床鸡舍为干粪收集系统，平时不清粪，鸡群淘汰或转群后一次性全部清除鸡粪。由于强制通风，有的装备来回移动的齿耙状的松粪机，下部的鸡粪水分蒸发多，比较干燥。这种系统处理鸡粪的数量少，能防止潜在水污染，减轻或消除臭味，不需要经常地清粪，粪中含水量少，易于干燥。要求地面处理好，防止水分渗漏。管理要好，供水系统不能漏水或溢水。必须设置良好的通风系统，气流能够均匀地通过鸡粪的表层。

(2)稀粪收集系统 设有地沟和刮粪板或者只有粪沟的鸡舍、用水冲洗的鸡舍等都属于稀粪收集系统。如有足够的农田施肥，这种系统比较经济，但有臭味，且鸡舍内容易产生氨和硫化氢气体，稀粪可能污染地下水。

2. 鸡粪的利用方法

(1)直接肥田　我国大部分的鸡粪都直接用于肥田。由于农业生产的季节性，不可能随时需要肥料，所以用量受到一定程度的限制。鸡粪中 20%的氮和 50%的磷可以直接被作物吸收，其余部分为复杂的有机分子，需要长期在土壤中被微生物分解，才能被作物逐渐利用。因此，鸡粪既是一种速效肥料，也是一种长效有机肥，可以增加土壤有机质。

(2)堆肥　利用好氧微生物使其充分发酵。鸡粪在堆肥过程中能产生高温，4～5 天后温度可升至 60℃～70℃，2 周后即可均匀分解、充分腐熟。

(3)干燥　鸡粪用搅拌机自然干燥或用干燥机烘干制成干粪，可作为果树、蔬菜的优质肥料。目前我国已经研制多种型号的干燥机，既改善了养鸡场的环境条件，又能增加收入。

(4)饲用价值　干鸡粪中含有比较高的营养物质，原则上可以作为猪和牛、羊的饲料，但是国际上为防止疾病在动物链中的传播，对鸡粪直接用来饲喂动物持谨慎态度。

(5)制作沼气　鸡粪和秸秆等其他有机原料混合生产沼气可以代替其他能源，沼气渣可以作为有机肥。

(四)鸡场污水处理

鸡场每天由于水槽漏水和冲洗鸡舍，孵化生产也产生大量的污水，这些污水中含有固形物 1/10 到 1/5 不等，处理不当就会污染环境和地下水。

1. 沉淀　实验证明，含 10%～33%鸡粪的粪液，放置 24 小时，80%～90%的固形物会沉淀下来。鸡场的污水经过两级沉淀后，水质变得清澈。

2. 用生物滤塔过滤 通过过滤，污水中的有机物质附着在多孔性滤料表面，滤料表面所形成的生物膜可将有机物分解。通过这一过程，污水中的有机物既过滤又分解，浓度大大降低，可达到比沉淀更好的净化程度。

（五）其他废弃物处理

1. 病死鸡 焚烧或深埋，深埋时用生石灰包埋处理。

2. 孵化产生的毛蛋、白蛋、血蛋、小公鸡 可以饲喂貂、貉子等经济动物。

3. 蛋壳 经加热处理制作饲料钙源，也可以制作有机钙，如柠檬酸钙、醋酸钙等。

4. 屠宰下脚料 羽毛洗净、晾干后，经高温、高压和酸、碱处理，可制成羽毛蛋白粉。

第九章　林地放养技术

一、散养蛋鸡具有发展潜力

（一）市场的需求

随着我国市场经济的发展，人们物质生活水平不断提高，城乡居民的生活已逐渐走出“温饱”，向全面“小康”型的社会转变，人们越来越重视自己的生存环境和生活质量。就膳食结构而言，20 世纪的后 20 年，我国人民为了摆脱衣食不足，进行了经济改革和艰苦奋斗，狠抓菜篮子工程。截至 2000 年底，人均蛋、肉的数量在全世界名列前茅。中国人民不再为吃穿而发愁。但是消费者越来越注重畜禽产品的品质和安全性。绿色的、安全的、无公害的食品越来越受广大消费者欢迎。

（二）散养可以改善家禽的生活环境

集约化饲养人为地改变了鸡的生存和生长环境，导致鸡的产品几乎完全由人为的控制，失去了其天然的色、香、味。同时，集约化和大规模的饲养给鸡场建设和鸡舍内外环境的控制及其饲养管理造成很大的压力，疾病的感染与发生概率上升，防疫用药成本上升。长期的用药可能导致鸡体和产出的鸡蛋中药残增多，不利于人类的身体健康。散养可以改善鸡的生长环境，鸡生活在相对自由的空间中，自由的活动，自由觅食，对增强鸡体的体质、减少鸡群患病率、减轻养鸡业带来的环保压力和改善鸡蛋品质，具有重要的意义。

(三)散养可以提高鸡产品质量

散养蛋鸡由于活动空间大，散养地水质无污染且有丰富的未知营养物质，散养鸡可以根据自身的需求主动摄取所需的物质。因此，其所生产的产品如鸡蛋，就更加接近自然，蛋的口味更香，蛋壳厚耐贮运，鸡肉品质更香。另外，散养蛋鸡抗病力强，很少用药，所以散养蛋鸡所产的鸡蛋几乎无抗生素、激素及色素残留。鸡的羽毛丰满，色泽光亮，肌肉结实，皮下脂肪沉积均匀，鸡肉色鲜味美。散养鸡的鸡蛋和鸡肉在市场上很受消费者的青睐，售价较高。

(四)散养可以节约基本建设投资，降低生产成本

散养蛋鸡除了给予其部分全价饲料外，鸡只也可以在散养地，如果园、桑园、树林、草场、山地、荒山、丘陵等处采食昆虫、落果、青草、草籽或在土壤中寻觅到自身所需的矿物质等，既可提高散养鸡的自身抵抗力，又可大大降低饲料成本、防病成本和劳动强度，同时也可为果园除虫除草，减少虫害与草害。

(五)散养可以减少环境污染

农村集约化养鸡，往往鸡粪四处乱堆，鸡粪散发的臭气和有毒有害气体常常严重地污染着当地的环境和空气。而将鸡散养在果园、树林、山地和荒山等地，可大大减少鸡粪、有毒有害气体的污染。

(六)散养可以提高养鸡综合经济效益

由于散养蛋鸡抗病力强，用药少，产蛋多，又节省饲料，同时散养鸡所产蛋的口味和品质几乎接近于土鸡蛋。当前人们对食品的安全性和口味越来越关注，土鸡蛋或柴鸡蛋在市场上越来越受欢迎，售价比集约化饲养的蛋鸡所产的鸡蛋价格高。因此，散养蛋鸡比笼养蛋鸡有较高的经济效益。散养蛋鸡还可以为果木除虫从而减少农药的使用，鸡粪可以很好地改善散养地的土壤，不会产生环境污染，又体现了良好的生态效益。所以，散养蛋鸡也是广大农村养鸡户致富的又一途径。通过采取高产蛋鸡的散养技术，不仅可以提高鸡蛋的质量，而且可以保证鸡的生产性能不会显著地下降，至少在春、夏、秋三季鸡的产蛋性能不低于笼养蛋鸡。

二、为什么选择节粮型蛋鸡放养

(一)柴鸡散养综合经济效益低

传统的鸡蛋是农村庭院散养的母鸡生产的，这种鸡蛋虽然个头小但是味道鲜美。

在散养鸡蛋中，有一部分是用地方柴鸡散养生产的，其综合经济效益不佳。2003 年河北省易县某乡在政府的号召下散养柴鸡的数量曾经达到 20 万只，乡政府的保护收购价是每千克 8 元，但是养殖户并不能见到效益。为什么呢？主要是柴鸡的生产性能太低，另外是饲养管理技术上缺乏指导，盲目地认为真正的柴鸡蛋就不能喂全价饲料，必须喂原粮，要完全按照传统的饲养方法饲养。结果每只鸡每年的产蛋量仅仅

100个左右。表面看来鸡蛋价格比普通笼养鸡蛋高很多，但是由于生产成本太大而优势全无。到了2004年，具有一定规模的散养鸡在当地几乎见不到了。这说明蛋鸡散养必须讲科学，如果不讲科学仍然按照老的套路去做是不可能成功的。

(二)选择易管理的高产蛋鸡可以提高生产效率

高产蛋鸡由集约化饲养向部分散养的转变，应选择适宜的蛋鸡品种，如果选择普通型褐壳蛋鸡和白壳蛋鸡散养，因为其蛋重大，在散养状态下容易破损，且蛋清稀薄，不具备土鸡蛋的特点。另外，普通型地方蛋鸡普遍保留飞翔的能力，在果园、林地散养时鸡容易飞到树上去过夜，破坏果实，也不太适合于散养。在北京郊区和河北省的一些地区，养殖户在专家的指导下开展的高产蛋鸡放养取得了很大的成功，饲养的品种不是土鸡而是农大3号小型蛋鸡，这种蛋鸡的成年体重约1.55千克，平均蛋重笼养状态下56克左右，散养状态下约53克。通过合理的补饲和管理，散养状态下每只鸡每年3～11月份可产蛋200个左右。而且鸡群的健康状态良好，除了定期服用高锰酸钾水洗胃外，不使用抗生素，保证了鸡蛋的绿色无公害。放养地点通常选择成片的果园和林地，这样既保证了鸡在夏天能够避免太阳的暴晒，给鸡提供遮阳的场所，同时鸡在树下可以把杂草、落叶、落果、树上掉下的虫及虫卵吃掉，鸡的粪便通过鸡的翻刨直接混入土壤进行肥田，形成良性循环。农大3号蛋鸡因为是矮小型的，不会飞到树上啄食果实。用矮小型蛋鸡进行放养，不仅可以克服地方鸡种产蛋少、易飞翔的缺点，又可以克服普通高产蛋鸡蛋重大、易破损的缺点。矮小型蛋鸡散养因经济效益高，深受广大养殖户的喜欢，产品受到消费者的青睐。目前，农大3号小型蛋鸡的粉壳品系较适合于散养，生产绿色、安全、优质的土鸡蛋。

从经济效益来看，高产蛋鸡散养因为生产效率提高，鸡蛋品质优良(虽然鸡蛋表面沾有草末或沙土，并不影响其品质)，从而深受消费者的欢迎，每只鸡的利润可以达到30多元。目前真正散养鸡蛋的供应量还很少。因此，大多数散养鸡蛋被一些效益好、职工收入多的单位包揽，只有少量能够进入超市。

三、散养鸡蛋和笼养鸡蛋的品质区别

从基本营养素上分析，笼养鸡蛋和散养鸡蛋无本质的区别，主要的区别是在口感上散养鸡蛋味道好。在外观上两者的区别主要是蛋重和蛋形。同样的品种散养鸡产的蛋比笼养鸡产的蛋个头小，蛋形偏长(蛋形指数大)。为什么散养鸡蛋品质比笼养鸡蛋好，是因为鸡吃了草、吃了虫的原因吗？当然饲料对鸡蛋的品味有着极其重要的影响，但是散养这种形式才是生产品味好、绿色食品的关键。在一些发达国家，绿色食品或有机鸡蛋必须是散养鸡生产的。饲料是绿色有机的，如果笼养照样不是绿色鸡蛋。当然，我国的自然条件不允许所有的鸡都散养。散养鸡是在一种悠闲自然的状态下生产鸡蛋，在产蛋时一般都选择比较隐蔽的地方(产蛋窝)，自然的鸡才能产出自然的蛋。笼养鸡就像被困在监狱里的人，虽然吃喝不愁，但是心理上却承受着巨大的压力，它非常不情愿但又是无奈地机械地去产蛋。在这种状态下能产出优质的产品吗？从笼养鸡蛋的蛋形和鸡的死淘率就可以明显地看出笼养鸡是不会给人类生产最好的产品的。另外，笼养鸡蛋个大水分含量高也会影响它的口感。

四、节粮型蛋鸡散养的配套饲养技术

(一)场地选择

节粮型蛋鸡散养要因地制宜,不可勉强。要远离住宅区、工矿区和主干道,选择地势高燥、环境僻静安宁的地方。山坡、丘陵、草场、山岗、树林下、水塘边及竹园、果园等地均可作为蛋鸡散养场地,采用散养或半散养的形式。散养地要求有一定的交通条件便于运输,有清洁的水源,有电源可以接到养殖场地。

(二)鸡舍建筑

1. 育雏与育成舍的建设 如果从雏鸡脱温后就放至散养地,一是不利于饲养管理,体重和均匀度不好控制;二是不利于疫苗的免疫与提高育雏和育成的成活率。因此,对高产蛋鸡的散养,在育雏和育成期最好按普通蛋鸡的鸡舍建筑模式建鸡舍,选用蛋鸡育雏育成一体化的笼具,按普通蛋鸡的饲养管理技术养至120日龄。也就是说在普通蛋鸡的鸡舍将要散养的蛋鸡养至开产前20～30天(18周龄),等到所有免疫接种均做完后再散养。根据上述要求,应在散养地地势干燥的地方,按普通蛋鸡的育雏育成鸡舍的要求,根据散养地的大小和散养产蛋鸡的数量,建设1栋育雏育成一体化的鸡舍。如果一些养鸡户家里有现成的鸡舍,可将现成的鸡舍稍做改动,把育成鸡养至开产前20～30天再运至散养地进行散养。

2. 产蛋鸡散养场地的建设 选择地势高燥、背风向阳处,搭建坐北朝南鸡舍,四周开排水沟。对选取的场地四周进行围栏圈定，可采取各种围栏方式，如塑料网、铁丝网、竹片、木栏等。设置的网眼大小和网的高度(1.5～2米高为宜)，既能阻挡鸡只钻出或飞出，又能防止野兽的侵入。墙根种植葡萄、爬山虎、丝瓜等藤类植物或蔬菜类作物。运动场最好有果木、树林或花草，草可以供鸡只采食，树木可以供鸡只在炎热的夏季遮阳，有利于防止热应激。在树木没成林以前最好给鸡只搭一些遮阳凉棚。

3. 散养鸡舍的建筑和产蛋箱的设计 要因地制宜，建永久式、简易式均可，最好建经济实用型的。鸡舍的走向应以坐北朝南为主，利于采光和保温，大小长度视养鸡数量而定。墙体用砖头垒砌，也可用土坯、泥墩，墙体内侧根基部稍上的地方因留上下两层产蛋窝，需垒成三七墙供鸡只进窝产蛋，以上部分可垒成二四墙。四面墙上要多留窗户。注意四周墙根部半米高度内最好不要留通风孔，以防鼠或其他小动物钻入鸡舍惊动鸡群或偷吃鸡蛋。散养场鸡舍南边敞门向阳便于鸡群晚上归鸡舍。产蛋窝如不留在墙体上，可用树枝条编成一定数量产蛋窝固定在鸡舍内的四周或用砖按一定高度沿四周墙边垒成产蛋窝，放上垫料，让鸡只在产蛋时能找到和固定下来。鸡舍的建筑高度为2.5～3米，长度和跨度可根据地势的情况和散养鸡晚上休息的占地空间来确定建筑面积。鸡舍的顶部呈拱型或“人”字型，顶架最好采用钢管结构或硬质的木板，便于有力支撑顶上覆物防止被风吹坏。顶上覆盖物从下向上依次铺设双层的塑料布、油毡、稻草垫子，最外层用石棉瓦或竹篱笆压实；同时用铁丝在篱笆外面纵横拉紧，以固定顶棚。这样的建筑保暖隔热，冬暖夏凉，且造价低。室内地面用灰土压实或夯实，地面上可以铺上垫料如稻壳、锯末、秸秆等，也可以铺粗沙土，厚度应适宜。垫料要保持干燥卫生。有条件的地方可在鸡舍内沿墙一侧用竹篱或木棍，设计一定面积的平养架或者栖架，或铺设一定面积的网床，以利于蛋鸡晚上回来栖息。在散养过程中应对房舍勤清理，混有垫料的鸡粪作为农家肥。注意平时的带鸡消毒。按“全进全出”的原则进行饲养，每批鸡散养结束后应对鸡舍严格彻底消毒后再进下一批鸡。

4. 设置补料的塑料饲槽和补水槽 应在散养鸡舍内和鸡舍外墙边防雨的地方以及散养区域内设置补料的塑料饲槽和补水槽，保持适当高度并做固定，便于定时给鸡补料补水。

5. 散养舍内应设计照明系统 为了确保散养蛋鸡充分发挥其生产性能，应给予与集约化饲养一样的光照程序和光照强度。因此，鸡舍内应根据散养舍建筑面积的大小和成鸡的光照强度配置照明系统，设置一定量的灯泡。灯泡一般安装在蛋鸡夜晚休息的场所。

6. 轮牧场地的设计 对散养地应根据场地的大小、生长草的数量、散养鸡的数量进行分割围栏，采取定期轮牧的饲养方式。前一片散养地散养一段时间后应赶到另一片散养地，做到鸡一经散养就天天有可食的草、虫或树叶等。同时，也有利于果园的翻耕，鸡粪的处理，果树的管理与施肥、用药，保证牧草的复壮和生长，也可防止鸡群间疾病的传播。为了保证散养鸡有充足的牧草，可预先在散养地种植一些可供鸡食用的牧草如苜蓿、黑麦草、龙爪稷等。

（三）散养季节的选择

应根据各地气候条件，因地制宜。一般选择在每年的草木生长和茂盛的季节，外界白天气温不低于 10℃，开始散养即将产蛋的矮小型蛋鸡。其他时间由于气温低、虫草少、影响蛋鸡生产性能的发挥，应停止放养。我国大部分地区一般在每年的3月初至11月底八九个月的时间，较适合于蛋鸡的散养。东北和西北地区由于气候的因素，可根据季节和气温的变化做适当的调整。

（四）进雏时间的选择

高产蛋鸡的散养技术是采取育雏育成一体化笼养和产蛋期散养的方式。应按产蛋鸡开始散养的季节来确定进雏时间，一般最好在头年的9月初至11月初开始育雏，到翌年的2月底或3月初放养，鸡群已接近开产或刚开产，鸡只的所有免疫已基本接种完毕，整个鸡群的抗病力和对外界环境的适应能力已较强，此时较适合放养。

（五）进雏鸡的数量和放养密度的确定

根据散养地的面积和散养蛋鸡成年时占地面积的数量，来确定进雏鸡数量。小型蛋鸡由于体型小、占地面积少、日采食量少，因此在散养时，可适当增加饲养密度。一般按每667平方米果园或林地散养成年小型蛋鸡200只左右来决定育雏数量。过多不易管理，不易放养；过少成本高，收益低。

（六）育雏和育成的饲养管理

在建好的普通蛋鸡的育雏育成一体化的鸡舍或养鸡农户现有的鸡舍里，按农大3号小型蛋鸡的饲养管理指南将小型蛋鸡养至开产前再放养。这样既有利于提高生长鸡的成活率，又可使鸡体重达标和提高均匀度，确保小型蛋鸡充分发挥其遗传性能。为了防止蛋鸡在散养过程中出现异嗜癖，在雏鸡7～10日龄断喙，10～13周龄修喙。另外，对那些到了开产日龄仍未见耻骨联合宽松的假发情鸡及冠髯苍白低凹的不育鸡，要坚决地淘汰掉。

(七)放养前140日龄左右的管理

第一，必须将所有的免疫接种工作做完，避免产蛋期抓鸡或给鸡只注射。

第二，10～13周龄修喙，以减少鸡群在产蛋期散养时出现啄羽、啄毛、啄肛等恶癖。

第三，从16～17周龄开始逐渐增加光照时间，补光刺激蛋鸡性成熟。注意光的颜色、强度和时间。从每天光照时间10～11小时补起，光强度20勒(3～4瓦/米^2)。若在春季自然光照超过每天11小时，可以不用补光。光的颜色不可随意改变，这样有利于适时开产和防止抱窝。

第四，放养前10天左右可在饲料或饮水中加入一定量的抗应激的水溶性电解质和多种维生素。

(八)产蛋期管理

1. 放养调教 为尽早使蛋鸡养成到野外或上山觅食的习惯，从130日龄开始根据天气情况每天早晨定时进行放养调教。最好2个人配合，1个人在前边吹哨开道并抛撒饲料(最好用颗粒饲料或玉米颗粒，并避开浓密草丛)让鸡跟随哄抢，另1个人在后面用竹竿驱赶，直到全部进入散养区域。为强化效果，每天中午可以在散养区已设置好的补料槽和水槽内加入少量的全价配合饲料和干净清洁的水吹哨并进食1次。同时，饲养员应坚持等在棚舍，及时赶走提前归舍的鸡，并控制鸡群的活动范围。直到傍晚，再用同样的方法进行归舍调教。如此反复几次，鸡群就建立起“吹哨、采食”的条件反射。以后若再次吹哨召唤，鸡群便趋之若鹜。初放的前几天，每天可放3～6个小时，以后逐渐延长时间。初进园时应限制在一片放牧区域内，散养范围由近向远，逐渐扩大，使鸡群逐渐熟悉散养区的外界环境。为避免夜间鸡群归舍后挤压死鸡，鸡群傍晚回到鸡舍后，应调教鸡群上栖架。如鸡不能自动上架，饲养员应在天黑后抱鸡上架，调教鸡形成归舍后尽量全部上架的习惯。不要让鸡在产蛋箱内过夜。

2. 放养管理 开始放养调教时，由于转群、脱温等影响，可以在饲料或饮水中加入一定量的维生素C或水溶性复合维生素等，以减少应激。调教期的抛食应遵循“早宜少，晚适量”的原则，要考虑到蛋鸡觅食能力差的情况，酌情加料。在散养区域的补料槽里，定期添加少量的全价配合饲料。水槽里供给干净清洁的饮水，让鸡群熟悉补料槽和水槽的位置。

3. 散养时每天应注意收听收看天气预报 遇到恶劣天气或天气不好时，不要往外散养，应采取舍饲。如下暴雨、冰雹、刮大风时应及时将鸡群赶回鸡舍内，以防发生意外。

（九）补光方式

光照时间和光照强度是蛋鸡充分发挥其生产性能的重要因素。散养蛋鸡从开产也应按笼养蛋鸡产蛋期的光照程序进行补光。散养蛋鸡开始补光要比普通蛋鸡稍早些，从16～17周龄每日光照时间10～11小时开始补起，每周增加半小时，至每日16～16.5小时为止，并恒定下来。产蛋5～6个月后，将光照时间调至每日17小时。补光方式采取每日固定在早上5点钟开始补光，一般在傍晚6时半至7时半将散养鸡用口哨叫回鸡舍，并同时补料，在补料的同时补光至规定的时间。光照一经固定下来，就不要轻易改变。如果有条件的话，可以在散养地安装一套发电设备，以备急用。

（十）补饲和补水方式

根据不同季节、散养地的植被情况、虫草的多少和鸡的觅食情况确定每日的补饲次数和补饲量。一般每天补饲 2 次，在早晨开始开灯补光时加料饲喂 1 次，晚上用口哨叫鸡回来后再补饲 1 次，而不要在每日产蛋集中的时间补料。每次补料量最好按笼养鸡采食量的 80%～90% 补给。剩余的 10%～20%让鸡自便在环境中去采食虫草弥补。每天给鸡定时饮水 3～4 次。在给鸡补料时应防止浪费。在补水时，应防止水的浪费和地面太潮湿。注意每天最好刷洗水槽，清除水槽内的鸡粪和其他杂物，让鸡饮到清洁卫生的水。

（十一）轮牧方式

散养的主要目的是提高鸡蛋品质，让鸡在外界环境中采食虫草和其他可食之物。因此，应预先将散养地划分成多片散养区域，用围栏分区围起来轮换放养。1 个围栏散养 1～2 周后，赶到另一个围栏内散养，让已采食过的散养小片区休养生息，恢复植被后再散养，使鸡只在整个散养期都有可食的虫草等物。

（十二）鸡蛋的收集、贮存、清洗与包装

1. 引蛋 鸡开始产蛋时一般不会四处乱产蛋，而是一旦有固定的产蛋窝后，若无打扰基本上就固定了下来。鸡有就巢性和归巢性，为了防止产窝外蛋，应预先在散养舍内四周的墙根部放置一定数量的木制产蛋窝，也可用砖在墙四周建一定数量的产蛋窝。窝的大小以可供 2～3 只鸡之用，窝内应预

先放置松软的麦秸或干草。为了让鸡找到产蛋窝，可以采取“引蛋”的方式在产蛋窝内预先放置1～2枚鸡蛋或蛋壳，以帮助蛋鸡将产蛋的地点固定下来。

2. 产蛋 应熟悉和掌握散养蛋鸡每天的产蛋规律。不论是集约化饲养还是散养蛋鸡，每天的产蛋高峰时间大多集中在上午8～11时。因此，鸡进入产蛋期每天的放养时间应在早晨8时之前或10～11时以后，让鸡群80%左右的鸡蛋在放养前产完蛋，让鸡形成这样的习惯，即可以减少鸡四处乱产蛋，又便于鸡蛋的收集，降低劳动强度。

3. 鸡蛋的收集与贮存 散养鸡蛋的收集时间最好集中在早晨散养蛋鸡全部从鸡舍里赶出去后进行，在鸡群晚上归舍以前的1～2个小时内也可以再集中收集1次，做到当天产的蛋尽量不留在产蛋窝内过夜。当天收集的鸡蛋应在熏蒸箱内消毒后再入库。要存放在阴凉干燥的地方或冷库内。

4. 鸡蛋的清洗与包装 散养蛋鸡的目的一是提高鸡蛋的品质，二是提高养鸡综合经济效益。实现散养蛋鸡所产鸡蛋的安全绿色化、品牌化、市场化是提高养鸡综合经济效益的必然选择。因此，应对散养的鸡蛋进行品牌包装，以进入大中小城市超市和餐桌，即可以大大提高其经济附加值。散养鸡蛋蛋壳表面经常沾有沙土、草屑、粪便等污染物，需要及时清除干净。

（十三）遮阳与避雨

散养蛋鸡的散养时间，一般为每年的3～11月份，其中6～9月份是多雨和炎热的季节。因此，在散养区域内应搭建一些简易的避雨棚，散养区域最好利用果园、树林、竹林和桑园等。

（十四）饲料配方

随着蛋鸡业由散养向集约化转变，再由集约化向散养的转变，许多生产者面临的新问题就是如何为散养蛋鸡鸡群提供理想的日粮。如今培育的现代蛋鸡已成为“超级的产蛋机”，但是它们必须有细致入微的管理才能发挥其遗传潜力，保证年产 290 个蛋，饲料转化率为 2.3～2.5：1。而散养蛋鸡由于受诸多因素的影响，年产总蛋数比集约化饲养的蛋鸡产蛋数少，其饲料转化率比集约化饲养的蛋鸡要高。如何提高蛋鸡在散养情况下的产蛋率而又不影响蛋的品质，是一个值得研究的问题。充分发挥好散养蛋鸡的生产性能，应该说在诸多方面与集约化饲养的蛋鸡有共同之处，比如育成期特别是育成前期（14 周龄以前）的体重和均匀度以及各阶段平衡和良好的饲料营养起着决定性作用，影响鸡的生产潜力。高产蛋鸡的散养技术是采取育雏与育成为舍饲，而产蛋期散养的饲养方式。因此，在散养蛋鸡的育雏和育成期应按集约化饲养的蛋鸡育雏和育成期的饲养管理技术进行，如抓好育成期的体重，对节粮型蛋鸡特别要抓好 10 周龄以前的体重，抓好开产体重和均匀度，严格执行集约化饲养的蛋鸡的育雏和育成的光照原则和光照程序，确保蛋鸡适时开产和到散养开始季节能放得出去。至于育雏和育成鸡的饲料营养水平，应按节粮型蛋鸡育雏和育成的营养标准进行。在产蛋期，由于采取散养方式，鸡除了采食全价饲料外，还可以在散养环境中采食到其他饲料原料，如虫、草、落果、树叶、砂石和其他未知食物等。这样既可以减少全价饲料的饲喂量，增强蛋鸡的耐粗饲性，又可以启发饲养者在使用配制全价饲料时，对饲料原料的使用可以多种多样。例如，小麦、高粱、蚕豆、豌豆、小米、米糠等均可适当使用。由于鸡在散养环境中可以采食到砂石颗粒，所以在全价饲料中可适度减少石粉的用量。在配制散养蛋鸡全价饲料时，能量、粗蛋白质、氨基酸、维生素等的水平应按集约化饲养节粮型蛋鸡产蛋期营养标准进行，但日粮中钙的水平可低些。

（十五）环境卫生控制与消毒

第一，对鸡病的防治，要贯彻“预防为主、治疗为辅”的方针。

第二，在饲养管理方面，要贯彻“全进全出”的生产工艺。每批鸡散养完后应对鸡舍彻底清扫、清洗、消毒、熏蒸后再进下一批已育好的即将开产的矮小型蛋鸡。对每一片散养区域轮牧完后应清扫并收堆鸡粪覆膜发酵处理或收集在树根部挖坑深埋，这样可起到灭菌、消毒的效果。整个一批鸡散养结束后应对散养地用犁深翻，灌水、种草，便于来年再散养。

第三，做好日常卫生管理工作。每天打扫舍内外卫生，刷洗水槽，清理饲槽，定期清理粪便。对用品、地面、墙壁进行带鸡消毒。保持散养舍内垫料干燥干净，地面尽量干燥，舍内空气新鲜，养鸡的用具、饲料和饮水卫生。

必须强调一点，就是规模化的散养蛋鸡必须保护好环境，不要选择生态环境脆弱的草原、山坡进行散养鸡，鸡的挠扒会破坏植被。另外，规模化散养蛋鸡是可以补充全价饲料的（不能加药物），全价的饲料是鸡全面营养的来源，否则就不能生产出全面营养的鸡蛋。有些饲料原料可以采取原粮的形式直接饲喂，有利于保证饲料中的营养成分不被破坏，如整颗粒的玉米等。

我国的消费市场已经需要越来越多的绿色鸡蛋供应，养殖场应认清形势，及时把握商机，获取更多的收入。

五、放养鸡容易出现的问题

（一）鸡抱窝

放养鸡由于接触地面，有些鸡就会抱窝。抱窝鸡就停止产蛋，影响鸡群的生产性能。发现抱窝鸡要及时挑出来，每天用凉水洗透鸡的全身，几天后鸡就停止抱窝继续产蛋。也可以采用注射雌激素的方法中止抱窝。

（二）寄生虫病

放养鸡接触粪便，容易发生寄生虫病。定期驱虫可以防止鸡发生寄生虫病。常用的驱虫药是阿维菌素或依维菌素等无残留药物。

（三）窝外蛋

产生窝外蛋主要的原因是产蛋窝不足或产蛋窝处光线太亮。刚开产时在产蛋窝中放引蛋也有利于鸡回巢产蛋，要做到平均每 5 只鸡有 1 个产蛋窝。

（四）寒冷季节休产

鸡在寒冷季节休产，主要是营养摄入量不足，天气寒冷。为了保证冬季正常产蛋，放鸡时间要根据天气确定，一般早 9 时以后放鸡，下午 4 时前回舍。在鸡舍的阳面用塑料薄膜搭成大棚，鸡可以在大棚内活动，以保障适当的环境温度。

第十章 节粮型蛋鸡经济效益分析

一、节粮型蛋鸡与普通蛋鸡产蛋性能比较

(一)产蛋性能对比

表 10-1 列出了 2002 年国家家禽测定中心对节粮型蛋鸡和普通蛋鸡共 4 个品种的测定结果。4 个品种分别是节粮型蛋鸡农大 3 号(矮小粉壳)、普通白壳蛋鸡、普通褐壳蛋鸡和普通粉壳蛋鸡。矮小粉壳和 3 种普通蛋鸡都基本发挥了各自的遗传潜力,普通蛋鸡主要生产指标达到或基本达到国外测定站测定的水平。矮小粉壳的产蛋数量等生产指标已接近普通型高产蛋鸡。开产日龄矮小粉壳和普通高产蛋鸡相差不大,矮小粉壳的开产日龄为 142 天,比白壳蛋鸡还提前了 3 天。

表 10-1 4 个品种鸡产蛋性能综合比较 (19～72 周龄)

组合	FED(天)	FEW(克)	HD(%)	HD-N(个)	HD-W(千克)	HH(%)	HH-N(个)	HH-W(千克)	AEW(克)	FCR	破蛋率(%)
矮小粉壳	142	39.1	76.8	289.8	16.21	75.3	284.5	15.89	55.9	2.06	1.26
白壳蛋鸡	145	45.0	77.1	291.4	16.95	76.5	289.3	16.83	58.2	2.51	1.12
褐壳蛋鸡	137	46.0	81.4	307.4	18.61	80.6	304.7	18.44	60.5	2.44	0.75
粉壳蛋鸡	140	46.7	80.9	305.7	19.12	80.0	302.4	18.91	62.5	2.70	0.50

注:FED 为开产日龄;FEW 为开产蛋重;HD(%)为饲养日产蛋率;HD-N 为饲养日产蛋数;HD-W 为饲养日产蛋总重量;HH(%)为入舍母鸡产蛋率;HH-N 为入舍母鸡产蛋数;HH-W 为入舍母鸡产蛋总重量;AEW 为平均蛋重;FCR 为饲料转化率

节粮型蛋鸡开产蛋重和平均蛋重比普通型高产蛋鸡鸡蛋明显要低，基本呈现节粮型＜普通白壳＜普通褐壳＜普通粉壳的趋势。值得一提的是普通粉壳蛋鸡的蛋重超过褐壳蛋鸡，表现出明显的杂种优势。在以前的报道中也发现粉壳蛋鸡在产蛋率、蛋重、饲料转化率等方面可以获得比较高的杂种优势。

表10-1中72周龄饲养日产蛋数(HD-N)和入舍母鸡产蛋数(HH-N)，矮小粉壳与普通高产蛋鸡已经接近，与普通白壳蛋鸡只相差1.6个，从生产实践中也发现矮小粉壳的产蛋性能较好，能够得到饲养者的普遍认可。节粮型蛋鸡的饲养日总蛋重(HD-W)和入舍鸡总蛋重(HH-W)比普通蛋鸡明显低，与生产性能最高的普通粉壳蛋鸡相比，矮小粉壳的产蛋重(HD-W)低2.91千克，与普通褐壳蛋鸡比低了2.4千克。除了产蛋数少之外，主要是蛋重之间的差异造成。节粮型蛋鸡蛋重低的原因除了本身的因素外，一个重要的原因是选种工作造成的。由于蛋鸡市场对鸡蛋的要求是稍小的蛋重，所以在节粮型蛋鸡纯系的育种过程中主要是提高产蛋数量和蛋壳质量，间接造成蛋重的减小。蛋重的减小虽然造成产蛋总重量有所减少，但是饲养户总的经济效益大幅度提高，因为鸡蛋生产基地的鸡蛋都是按箱出售，和重量没关系或关系很小。另外，饲料转化率提高是降低成本、提高经济效益的关键因素。

节粮型蛋鸡蛋重的减少并没有影响其饲料转化率的提高，从表10-1中可以看出节粮型蛋鸡的最大优势是饲料转化率高，矮小粉壳的料蛋比达到了2.06∶1，比普通型蛋鸡最高组合褐壳蛋鸡还优18.14%。即使矮小褐产蛋数量和总蛋重比其他组合低很多，其料蛋比依然比普通蛋鸡有明显优势，证明节粮型蛋鸡确实能够提高饲料转化率。普通粉壳蛋鸡虽然产蛋数和产蛋总重量都具有明显的优势，但是，这种高产是建立在高采食量的基础上的，饲料转化率并不高，料蛋比达到2.7∶1。因此，综合经济效益不见得高。

和国外最近报道的矮小型蛋鸡生产性能相比，我们的节粮型蛋鸡配套系有明显的优势，尤其是用矮小褐壳蛋鸡公鸡和白来航鸡配套生产的矮小粉壳蛋鸡生产性能卓越，完全可以满足国内商业化生产的需要，周平均最高产蛋率94.7%，产蛋率90%以上维持了12周。2001年嘉西斯(Garces)报道的蛋用矮小鸡的72周龄产蛋数为234个，对应的普通蛋鸡是294个，两者相差60个；总蛋重矮小鸡是13.5千克，普通蛋鸡是18.5千克；平均蛋重矮小鸡是55.8克，普通蛋鸡是61.2克；开产日龄分别是157天和154天；成活率分别是94.3%和89.4%。

(二)蛋品质的比较

从表10-2可以看出，矮小粉壳的蛋黄比例显著高于普通蛋鸡，和普通褐壳蛋鸡以及普通粉壳蛋鸡差异显著($P<0.05$)。但是其蛋白比例相应地就少了，其中与普通褐壳蛋鸡差异显著($P<0.05$)。矮小粉壳的蛋壳厚度比普通蛋鸡低，可能是蛋重小的缘故，其蛋壳强度也比普通蛋鸡要差一些，其中和普通褐壳蛋鸡以及普通粉壳蛋鸡差异显著($P<0.05$)。同样是粉壳蛋，矮小粉壳的颜色要比普通粉壳蛋鸡鸡蛋颜色浅($P<0.05$)。白壳蛋鸡的蛋黄颜色比其余3个组深($P<0.05$)，矮小粉壳、普通褐壳蛋鸡和普通粉壳蛋鸡之间差异不显著。哈氏单位4种鸡之间差异不显著，但是矮小粉壳和普通粉壳蛋鸡相对比褐壳蛋鸡和白壳蛋鸡低。蛋形指数白壳蛋

鸡数据异常，矮小粉壳和普通蛋鸡无显著差异。杨宁等(1998)报道，矮小褐壳蛋鸡的蛋黄比例比白壳蛋鸡和褐壳蛋鸡高，和本实验结果一致；但在蛋壳强度、哈氏单位方面矮小型蛋鸡高于普通蛋鸡，与本实验结果不一致。

表 10-2 蛋品质测定结果

品 种	蛋重（克）	蛋型指数	蛋壳强度（千克/厘米^2）	哈氏单位	蛋壳颜色	蛋黄比例（%）	蛋白比例（%）	蛋壳厚度（毫米）	蛋黄颜色
dwf	56.8±4.3	1.31±0.04	3.7±0.8	85.4±6.1	62.3±5.3	27.5±2.4	59.0±3.1	0.37±0.02	6.7±0.8
nw	61.3±4.2	1.40±0.04	4.0±0.9a	86.8±8.6	77.4±2.0	26.40±4.3	60.2±4.9	0.38±0.02	8.2±0.6
nb	62.3±3.9	1.30±0.04	4.3±0.9	89.5±10.8	30.5±3.6	24.7±4.0	62.3±4.0	0.39±0.02	6.8±0.6
nf	63.5±4.5	1.32±0.06	4.4±0.7	85.7±8.1	56.2±5.0	26.0±1.6	60.7±1.3	0.39±0.04	6.8±0.7

注：dwf 为矮小粉壳；nw 为白壳蛋鸡；nb 为褐壳蛋鸡；nf 为粉壳蛋鸡

二、综合经济效益分析

节粮型蛋鸡（农大 3 号）充分利用了矮小（dw）基因的优点，虽然总的产蛋量比普通高产蛋鸡低，但是由于其比较高的饲料转化率，能够提高饲养蛋鸡的综合经济效益。据中国农业科学院农业经济研究所 1998 年的测算，饲养矮小褐壳蛋鸡在当时情况下比普通蛋鸡每只多获利 9 元多。近几年，蛋鸡的饲养效益普遍下降，有一部分饲养户还出现亏损，如何提高蛋鸡的经济效益是广大养殖户最为关心的问题。当然，市场供求关系、饲养管理水平、传染病的控制、饲料成本控制等对养鸡赢利都有重要的影响。但是，在相同的环境条件下，饲养品种和产品类型对饲养蛋鸡的经济效益更重要。通过以上测定和生产实际的验证，节粮型蛋鸡新配套系矮小粉壳（农大3号粉）生产性能优异，赢利能力和抗风险能力强。

（一）节粮型蛋鸡生产单位鸡蛋的成本较低

由表10-1可知，矮小粉壳蛋鸡产蛋期的料蛋比是2.06∶1，普通型高产蛋鸡白壳、褐壳和粉壳的料蛋比分别是2.51∶1，2.44∶1和2.7∶1，也就是说每生产1千克鸡蛋，节粮型蛋鸡比普通蛋鸡分别少用0.35千克、0.38千克和0.54千克饲料。由于使用的饲料相同，都是北京正大饲料股份有限公司生产的全价饲料，每千克饲料当年平均价格1.3元，每千克鸡蛋成本矮小粉壳蛋鸡比普通蛋鸡分别降低0.455元、0.494元和0.722元。表10-3对矮小粉壳蛋鸡和普通高产蛋鸡的赢利性能进行了对比，按照北京地区2002年全年实际鸡蛋和饲料价格计算，节粮型蛋鸡比普通蛋鸡每个饲养周期每只鸡多收入8.01～13.46元。

表10-3　节粮型蛋鸡和普通高产蛋鸡经济效益对比

鸡　种	72周龄产蛋量（千克）	平均蛋价（元/千克）	鸡蛋收入（元）	淘汰鸡收入（元）	总收入（元）	雏鸡成本（元）	饲料成本（元）	其他成本（元）	总成本（元）	平均利润（元）
矮小粉壳	15.89	4.0	63.56	7.0	70.56	2.5	49.66	12.42	64.58	5.98
普通白壳	16.83	4.0	67.32	8.0	75.32	2.5	62.53	12.42	77.45	−2.13

续表 10-3

鸡　种	72 周龄产蛋量（千克）	平均蛋价（元/千克）	鸡蛋收入（元）	淘汰鸡收入（元）	总收入（元）	雏鸡成本（元）	饲料成本（元）	其他成本（元）	总成本（元）	平均利润（元）
普通褐壳	18.44	4.0	73.76	9.0	82.76	2.5	69.81	12.42	84.73	－1.97
普通粉壳	18.91	4.0	75.64	8.0	83.64	2.5	76.77	12.42	91.69	－8.05

注：1. 淘汰鸡按 5 元/千克，鸡蛋按出场批发价格

2. 生长鸡耗料按饲养手册核算，雏鸡饲料和育成鸡饲料价格平均后和蛋鸡料按相同价格 1.3 元/千克计算

3. 鸡雏价格 2.5 元/只

4. 其他成本包括水电费、兽药疫苗、低值易耗材料、人工工资及福利、交通费等。在雏鸡成本单列的情况下，理论上按饲料成本的 25%计算

5. 毛利（个体户利润）＝总收入－饲料成本－雏鸡成本－5 元的其他成本（无人工、折旧、管理费）

6. 利润＝总收入－总成本

7. 粉壳蛋实际售价要高 0.3 元左右，所以毛利不会亏损

从表 10-3 可以明显地看出，在我国鸡蛋价格持续低位徘徊的年代，饲养普通蛋鸡获利非常困难。个体养鸡户之所以还养鸡，是因为绝大部分养殖户都是在自己家养鸡，不计算人工、折旧等成本，最后每只鸡能够盈利 3～5 元的毛利润。在什么情况下普通高产蛋鸡的利润能够超过矮小粉壳蛋鸡呢？影响蛋鸡利润的关键因素是鸡蛋价格和饲料价格。因此，就有以下几种情况。

1. 鸡蛋的价格上升　饲料价格不变的情况下，普通蛋鸡利润和矮小粉壳蛋鸡利润相同的基本条件遵循以下公式：

普通鸡产蛋重（EM_n）×鸡蛋价格（P_e）＋淘汰鸡（M_n）－总支出（O_n）＝矮小粉壳蛋鸡产蛋重（EM_{dw}）×鸡蛋价格

(P_e)＋淘汰鸡(M_{dw})－总支出(O_{dw})

按照算式计算出的3种普通蛋鸡达到矮小粉壳蛋鸡同样的利润需要的鸡蛋价格(P_e)分别为：12.63元/千克、7.12元/千克和8.64元/千克。最低的鸡蛋价格7.12元/千克，在我国鸡蛋主产区都未曾达到过，看来希望通过较高的鸡蛋价格使普通蛋鸡超过矮小粉壳蛋鸡是不可能的。

2. 饲料价格下降 鸡蛋价格保持4元/千克不变的情况下，普通蛋鸡利润和矮小粉壳蛋鸡利润相同的基本条件遵循以下公式：

总收入(I_n)－耗料(F_n)×饲料价格(P_f)＝总收入(I_{dw})－耗料(F_{dw})×饲料价格(P_f)

按上述算式，在固定费用和鸡蛋价格不变的情况下，普通蛋鸡要达到矮小粉壳蛋鸡同样的利润，需要的饲料价格分别是0.481元/千克、0.787元/千克和0.625元/千克，这样低的饲料价格也是饲料价格放开以后从没有出现过的。从我国的粮食产量和畜禽饲养规模来看，今后正规饲料厂蛋鸡全价饲料价格不可能低于1.2元/千克。

3. 饲料价格和鸡蛋价格同时变化 矮小粉壳蛋鸡的产蛋重量低于普通高产蛋鸡，所以鸡蛋价格的上升能提高普通蛋鸡的相对利润。另一方面，普通蛋鸡的耗料量多，鸡蛋与饲料的价格比越大，饲养普通蛋鸡的利润相对就会提高。过去饲养户养殖普通蛋鸡之所以能够赢利，就是因为饲料的价格低，相对鸡蛋的价格高。根据表10-3中的数据和下面的计算公式可以计算出普通蛋鸡和矮小粉壳蛋鸡赢利平衡点的蛋料价格比。

普通蛋鸡总收入(I_n)＝普通蛋鸡产蛋重(EM_n)×鸡蛋价格(P_e)＋淘汰鸡(M_n)

普通蛋鸡总支出(O_n)＝耗料(F_n)×饲料价格(P_f)＋固定成本(C)

矮小粉壳蛋鸡总收入(I_{dw})＝矮小粉壳蛋鸡产蛋重(EM_{dw})×鸡蛋价格(P_e)＋淘汰鸡(M_{dw})

矮小粉壳蛋鸡总支出(O_{dw})＝耗料(F_{dw})×饲料价格(P_f)＋固定成本(C)

$$I_n - O_n = I_{dw} - O_{dw}$$

即：$EM_n \times P_e + M_n - (F_n \times P_f + C) = EM_{dw} \times P_e + M_{dw} - (F_{dw} \times P_f + C)$

化简为：$(EM_n - EM_{dw}) \times P_e = (F_n - F_{dw}) P_f + M_{dw} - M_n$

为了简化计算，把淘汰鸡价格设为相同，则得出：$P_e/P_f = (F_n - F_{dw})/(EM_n - EM_{dw})$

代入表10-3中的相关数据，分别可以得到3种普通蛋鸡与矮小粉壳蛋鸡利润平衡点的蛋料价格比。白壳蛋鸡、褐壳蛋鸡和粉壳蛋鸡分别约为10，6和7。也就是说普通白壳蛋鸡在鸡蛋价格是饲料价格的10倍的情况下才有可能获得和矮小粉壳蛋鸡相同的利润，而普通褐壳蛋鸡需要6倍，普通粉壳蛋鸡需要7倍。在正常情况下，一般鸡蛋价格是饲料价格的3.5倍左右。

4. 盈亏平衡点的鸡蛋价格 不同的地区、不同类型的鸡蛋价格不同。我国大部分地区褐壳蛋比较贵，也有的地区粉壳蛋比较贵。在饲料价格一定的情况下保持总收入大于或等于总支出时的鸡蛋价格，即为该鸡的盈亏平衡点。根据表

10-3 中的数据可以很容易地得出矮小粉壳蛋鸡盈亏平衡点的鸡蛋价格是 3.60 元/千克，普通白壳蛋鸡是 4.13 元/千克，普通褐壳蛋鸡是 4.11 元/千克，普通粉壳蛋鸡是 4.43 元/千克。节粮型蛋鸡的鸡蛋成本低的原因不是高产而是高效，是鸡的饲料转化率高。

节粮型蛋鸡饲料转化率高的原因是因为它带有矮小(dw)基因，成年鸡体重 1.5～1.6 千克，体型紧凑，基础代谢低。节粮型蛋鸡的腺胃乳头数比普通蛋鸡多 36%，消化道的相对长度也稍高，对食物的消化较完全。对普通蛋鸡和节粮型蛋鸡粪便中的含氮量分析结果表明，节粮型蛋鸡的鸡粪中含氮量低于普通蛋鸡鸡粪中的含氮量，证明了节粮型蛋鸡对营养物质的吸收、转化率高。2001 年嘉西斯(Garces)报道，蛋用矮小鸡比普通蛋鸡产蛋少 60 个的情况下，饲料转化率仍然比普通蛋鸡高，每千克代谢体重的产蛋数比普通蛋鸡高 15 个，采食量减少 1.5 克，日产蛋量相同。

(二)节粮型蛋鸡的鸡蛋品质好，售价合理

节粮型蛋鸡由于排卵和产蛋的同步率较和谐，极少出现双黄蛋，蛋壳的质量、蛋白的哈氏单位和蛋形指数明显优于普通鸡蛋，破蛋率、畸形蛋比例和软壳蛋比例显著低于普通蛋鸡，这些已经得到很多学者的认同，尤其是蛋黄比例明显比普通蛋鸡的鸡蛋高，受到消费者的欢迎。这一方面也与节粮型蛋鸡的鸡蛋稍小有关，另一方面也与节粮型鸡本身的排卵和产蛋的同步率较和谐有关。

在我国的许多地区，稍小的鸡蛋售价相对较高，搞长途贩运的客户也偏爱稍小的鸡蛋，一些特殊的食品加工(如卤蛋、摊煎饼、饭店配餐等)也不需要大蛋。稍小的鸡蛋破损率低，

浓蛋白的高度相对较高，蛋黄的着色度较深，感观比较好。矮小粉壳蛋鸡的蛋重为55～58克。为了适应市场的需要，控制后期蛋重的增加，可以通过控制饲料中粗蛋白质含量、蛋氨酸含量、增加油脂提高能量和亚油酸含量等措施，对蛋重进行控制，控制幅度在2克左右。在鸡蛋生产基地，鸡蛋按箱出售，也就是按数量出售，大小鸡蛋每箱的价格相同，这样按重量计算小鸡蛋的售价相对要高很多。矮小粉壳蛋鸡的鸡蛋平均售价比普通蛋鸡的鸡蛋高出0.4元/千克，这样每只鸡又能多获得利润6.36元。

(三)提高了饲养密度

矮小蛋鸡体重和体型小，可以提高饲养密度。节粮型蛋鸡的体型指标明显低于普通型蛋鸡，使用普通蛋鸡笼具饲养节粮型蛋鸡不利于其生产水平的发挥。虽然节粮型蛋鸡的体重和体型比普通褐壳蛋鸡约小25%，但是使用普通蛋鸡笼具却不能增加饲养密度。增加每个笼中鸡的数目会造成密度过大，不能满足小型鸡的采食、产蛋等行为对空间的需求。如390型中型蛋鸡笼每个小笼饲养普通褐壳蛋鸡3只，总体重6千克，每只鸡的采食长度为13厘米；如果用它饲养节粮型蛋鸡，每小笼养4只，总体重和3只普通褐壳蛋鸡相同，但是每只鸡的采食长度只有9.8厘米，而矮小鸡的体宽为11.3厘米，不能满足同时采食的需要。从生理角度考虑，普通蛋鸡笼也不适合饲养节粮型蛋鸡。主要表现在普通蛋鸡笼底网丝距大，矮小蛋鸡站立不舒服，长期生活造成爪变形，不能正常站立；滚蛋距离偏大，刚转群的青年母鸡容易钻出或卡住；刚转到产蛋鸡舍的育成鸡饮水比较勉强。

节粮型蛋鸡专用笼主要考虑小型鸡的体高比普通蛋鸡矮

10 厘米左右，体长比普通蛋鸡短 3～4 厘米。因此，可以降低单笼高度、减少宽度，达到增加层数的目的。4 层小型蛋鸡笼的高度和宽度与 3 层轻型蛋鸡笼相似，但是饲养数量却多 32 只。相近的占地面积，使用小型蛋鸡专用笼可以提高饲养密度 33%，从而提高场房设备的利用率。

（四）淘汰鸡的残值相对较高

随着养鸡业的专业化生产，鸡肉的消费转向白羽肉鸡、黄羽肉鸡、肉蛋杂交鸡等专用品种，淘汰蛋鸡的价格越来越低。节粮型蛋鸡的肉质较好，肌肉纤维细，肌间脂肪多，皮肤毛孔细，胴体的感观好，深受消费者欢迎。虽然淘汰鸡的体重比普通蛋鸡轻，每只鸡的售价大部分地区和普通蛋鸡基本相同，包括符离集烧鸡、德州扒鸡在内的著名食品企业都以优惠的价格收购这种鸡。节粮型蛋鸡育成期的培育成本显著低于普通型蛋鸡，节粮型蛋鸡 18 周龄耗料 5.5 千克左右，普通褐壳蛋鸡需要 8.5 千克左右，普通白壳蛋鸡也需要 7.5 千克左右。淘汰鸡的残值减去培育成本的差值相对高一些。另外，节粮型蛋鸡的抗病力较强，死淘率低，也会增加淘汰鸡收入。大量的实验数据证明，矮小鸡对鸡马立克氏病有较强的抗病力，对一般细菌性病的抵抗力也比普通蛋鸡强，所以产蛋期有较高的成活率。此外，节粮型蛋鸡的性情温驯，不易出现啄癖等恶习，成活率高。

（五）矮小粉壳蛋鸡是适合散养的高产蛋鸡品种，散养鸡可以获得较高的利润

随着生活水平的提高，消费者对食品的质量和安全性要求越来越高。虽然鸡蛋的品质受很多因素的影响，但是饲养

方式无疑是关键因素之一。传统饲养方式生产的散养鸡蛋由于品质优、味道好等特点重新受到市场的青睐,价格比普通笼养鸡蛋高出1倍以上。在欧洲,蛋鸡正向散养方式转变,预计到2010年英国有超过一半的蛋鸡是散养的。散养鸡蛋和笼养鸡蛋相比,主要区别在于水分含量较低、蛋重小、脂肪和矿物质含量高。在我国,大部分柴鸡蛋是由散养在农村的地方鸡种生产的,地方鸡种的特点是产蛋少、蛋重小,生产效率低。地方鸡种一般春季和秋季产蛋,夏季和冬季休产,年产蛋120个左右。最近几年有的公司或专业户把地方鸡种进行笼养,饲喂全价的蛋鸡饲料,进行柴鸡蛋的生产。结果是鸡的产蛋数量和生产效率得到了一定程度的提高,但是鸡蛋的内在质量和口味与普通笼养鸡蛋无区别,造成消费者上当受骗的感觉。

把高产蛋鸡进行散养生产优质的鸡蛋是值得探讨的问题。高产蛋鸡不仅生产效率比地方鸡高,而且疾病的净化程度也高。矮小粉壳蛋鸡是适合于散养的高产蛋鸡品种,因为它蛋重较小,散养状态下的破损率较低。另外,矮小型蛋鸡比较温驯,飞翔能力差,不会对树上的果实造成损害。由于在消费者的思想中已经形成柴鸡散养的观念,所以在购买散养鸡蛋时首先认可的是蛋重、蛋壳颜色等方面是否和地方鸡种一致。如果选择普通产大蛋的褐壳蛋鸡或白壳蛋鸡或者其他蛋重比较大的鸡种进行放养,产出的鸡蛋内在质量和口味即使和农村柴鸡蛋无差别,短期内也不会得到消费者认可。另外,如果鸡蛋比较大,在散养状态下破损率也很高,容易造成鸡食鸡蛋的癖好。所以高产蛋鸡进行散养要选择产蛋多、蛋重稍小、浅褐壳蛋的品种,而且鸡的飞翔能力不能太高,否则不利于管理。

农大3号小型蛋鸡放养已经试验成功，并提出了一系列管理措施。华北地区每年的10月份开始育雏，翌年3月份开始放养，11月份淘汰鸡，全年产蛋9个月，可产蛋200个以上，比土鸡增产近1倍。农大3号鸡散养产蛋数量比笼养减少约10%，耗料量变化不显著，蛋形指数变大，蛋重减轻，但是售价能提高1倍以上。河北省易县某养殖户利用山区承包的林地放养1000只农大3号蛋鸡，产蛋8个月净利润3万多元。

综合以上分析可以看出，只要掌握节粮型蛋鸡的饲养管理特点，采取合理的管理措施，饲养节粮型蛋鸡能够产生比普通型蛋鸡更大的经济效益。即使每只节粮型蛋鸡比普通高产蛋鸡少产蛋1～2千克，由于节省饲料的原因，按目前饲料和鸡蛋价格，不考虑鸡蛋价格差价，每只鸡可多收入8元以上。只有鸡蛋和饲料的价格比达到6以上时，饲养普通蛋鸡才有优势。如果考虑小型鸡蛋售价较高、死淘率低以及小型蛋鸡专用笼可增加饲养密度33%等因素，按单位饲养面积计算，饲养节粮型蛋鸡经济效益更大。

附录 节粮型蛋鸡饲养管理中常见问题解答

1. 节粮型蛋鸡是由谁家选育成功的，是否通过品种鉴定？

答：节粮型蛋鸡又称农大 3 号小型蛋鸡，是由中国农业大学动物科技学院吴常信院士和杨宁、宁中华等多名教授，经过多年培育的优良蛋鸡新品种。它充分利用了矮小型(dw)基因的优点，可使体型变小 20%～30%，腿短，饲料转化率提高 15%～20%，节省饲料 20%左右，能大大提高蛋鸡饲养的综合经济效益。该品种 1998 年 2 月通过农业部组织的专家鉴定，1999 年获国家科技进步二等奖，2003 年通过国家品种审定。

2. 节粮型蛋鸡的最主要特点是什么？

答：节粮型蛋鸡的最主要特点有以下 3 点：①体型小，成年体重比普通蛋鸡小 25%左右、为 1 550～1 650 克，自然体高比普通蛋鸡矮 10 厘米左右；②耗料少，饲料转化率高，产蛋鸡平均日采食量为 90 克，比普通蛋鸡少 20%(110～120 克)，料蛋比 2～2.1∶1，比普通蛋鸡饲料利用率高 15%，全期可节省饲料 9～10 千克；③综合经济效益高，1 只鸡全期比普通蛋鸡可多赚 9 元。

3. 节粮型蛋鸡父母代鸡由哪里提供？

答：北农大种禽公司是农大 3 号父母代鸡惟一提供单位，其他单位提供父母代鸡均为假冒。

4. 节粮型蛋鸡按蛋壳颜色来分有几种商品代蛋鸡供给？

答：节粮型蛋鸡按蛋壳颜色来分有小型粉壳商品代蛋鸡和小型褐壳商品代蛋鸡两种。

5. 节粮型蛋鸡的雌雄鉴别方式如何，是否已实现羽色自别？

答：矮小褐壳蛋鸡和粉壳蛋鸡主要采用快慢羽鉴别，鉴别率 96%以上。矮小褐壳商品代雏鸡金羽雏都是母雏，自别率达 95%。小部分母雏是白羽。

6. 节粮型粉壳蛋鸡和褐壳蛋鸡的毛色、体重、腿长等外观有何区别？

答：粉壳：绝大部分毛色为纯白羽，只有小部分为红花羽(20%)，假冒产品白羽多。褐壳：大部分花红羽，少量为白羽(10%以下)，除毛色外，假冒产品都是黄羽。其他方面从外观上看两者无太大差别。

7. 节粮型蛋鸡的全期成活率如何，为何对马立克氏病有较强的抵抗力？

答：120 日龄成活率为 95%左右，产蛋期成活率可达 95%以上。这与品种特点关系极大。矮小鸡对细菌性疾病和对马立克氏病的抵抗力强。这可能与矮小型鸡体型小、性染色体上存在抗马立克氏病的基因有关。

8. 节粮型蛋鸡的开产日龄大约在多少天，高峰产蛋率可达多少，能持续多长时间？

答：节粮型蛋鸡(商品代)开产日龄因饲养季节的不同而不同。一般春雏在 120 日龄左右见蛋，5%产蛋率在 130 日龄左右；而冬雏开产日龄就稍晚些，5%产蛋率在 135 日龄左右，50%产蛋率日龄为 155～160 日龄。最高产蛋率可达 96%，90%以上产蛋率可持续 3～4 个月。

9. 节粮型蛋鸡育雏期、育成期、预产期、产蛋期应如何划分？

答：育雏期 0～9 周龄，育成期 10～18 周龄，预产期 18～20 周龄，产蛋期 20～72 周龄。

10. 为什么节粮型蛋鸡育雏期最少要到 9 周龄？

答：这与节粮型蛋鸡品种特点和生理特点有关。节粮型鸡吃得少，育雏期 9 周龄，有利于节粮型鸡的充分发育，特别是体重的增长。

11. 节粮型蛋鸡育雏期 10 周龄前体重若不达标应采取什么措施？

答：节粮型蛋鸡 9 周龄体重应达 550～580 克，若不达标，应继续喂育雏料 1～2 周。

12. 节粮型蛋鸡育成期是否要限饲？

答：节粮型蛋鸡育成期一般不限饲，采取自由采食，以促进小型鸡体重尽量达标。

13. 节粮型蛋鸡育成期末体重应达多少克，均匀度达多少，若不达标会出现什么问题？

答：育成期结束（18 周龄），节粮型蛋鸡体重应该达到 1 200～1 250 克，18 周龄体重均匀度最少达 80%，否则产蛋推迟，产蛋率达不到高峰。

14. 节粮型蛋鸡育雏期(9 周末)共吃多少千克饲料，育雏和育成结束时约吃多少千克饲料，比普通蛋鸡节省多少千克饲料？

答：节粮型蛋鸡育雏期(9 周末)约耗饲料 1.4 千克，育成期采食 3.5～3.8 千克饲料，育雏和育成共采食 5.5～5.8 千克饲料，比普通蛋鸡少吃 2～2.5 千克饲料。

15. 节粮型蛋鸡饲养哪几周比较关键，20 周龄末的日采食量为多少克，体重应达到多少克？

答：最关键的周龄是 7 周龄、10 周龄、12 周龄、14 周龄、16 周龄、18 周龄和 20 周龄，应抓好这几段的增重，20 周龄末的日采食量为 75 克左右，体重应达到 1 300～1 350 克。

16. 育雏期采食量太低的原因有哪些，应采取何种措施？

答：如采食量太低，应考虑环境温度、饲养密度、饲料能量和适口性等。对此，首先应稍调低饲料代谢能，保持粗蛋白质含量不变；其次是降低饲养密度，保证水位和槽位充足；再次应采用适口性好、消化率高的饲料原料，如豆粕、鱼粉等，少用杂粕。饲喂方式应采用少量多次，自由采食。

17. 育成期采食量太低应采取何种措施？

答：①降低育成期饲料能量，可以不加油脂，但能量应达到 11.3 兆焦/千克；②确保舍温适宜，特别是夏季，应做好降温工作；③改变饲喂方式，少量多次，自由采食；④夏季采取午夜补饲的方法。

18. 节粮型蛋鸡产蛋全期(21～72 周龄)约吃多少千克饲料，比普通蛋鸡少吃多少千克饲料？

答：节粮型蛋鸡产蛋全期约吃 30 千克饲料，普通蛋鸡一般产蛋全期要耗料 40 千克左右，比普通蛋鸡少吃约 10 千克料。

19. 节粮型蛋鸡产蛋期体重应达到多少克？

答：在 20～30 周龄期间体重应递增，从 1 300 克长至 1 600克，30 周龄后体重几乎很少增长，故产蛋期间体重应保持在 1 550～1 650 克为正常。体重太轻会影响小型蛋鸡产蛋性能的发挥。

20. 节粮型蛋鸡淘汰时是多少周龄,淘汰体重大约是多少克?

答:节粮型蛋鸡 72 周龄淘汰,淘汰时体重为 1 550～1 650 克。

21. 节粮型蛋鸡 1 个产蛋周期共产蛋多少个,比普通蛋鸡少多少个?

答:节粮型蛋鸡 72 周龄共产蛋约 290 个,比普通蛋鸡 72 周龄少产 10 个鸡蛋。

22. 节粮型蛋鸡初产蛋重约多少克,产蛋高峰期蛋重约多少克,产蛋后期的蛋重为多少克,全期平均蛋重为多少克?

答:节粮型蛋鸡初产蛋重 35～40 克,产蛋高峰期蛋重 50～55 克,产蛋后期蛋重 55～62 克,全期平均蛋重在 58 克左右。

23. 节粮型蛋鸡全期料蛋比为多少,比普通蛋鸡有何优势?

答:节粮型蛋鸡全期料蛋比 2～2.1∶1,普通蛋鸡全期料蛋比为 2.3～2.5∶1。小型蛋鸡产 1 千克鸡蛋比普通蛋鸡少耗饲料 0.3～0.5 千克,全期可少耗料 10 千克。

24. 节粮型蛋鸡全期产蛋总重为多少千克,比普通蛋鸡少几千克,为什么?

答:节粮型蛋鸡全期产蛋总重为 16～16.5 千克,比普通蛋鸡少产 1～1.5 千克鸡蛋,主要是因为蛋重小的原因。

25. 节粮型蛋鸡预产期为何要喂一段时间预产料?

答:目的是使节粮型蛋鸡有一定量的体能贮备和钙贮备。另外,可以减少突然换料的应激,使节粮型蛋鸡逐渐适应料的改变。

26. 节粮型蛋鸡产蛋总重量比普通蛋鸡产蛋总重量约少1.5千克，但为何又能赚钱？

答：虽少产约1.5千克鸡蛋，但全期可省料10千克左右。饲料占饲养成本的70%左右，节省饲料实际就等于赚了钱。另外，很多地区鸡蛋按个出售，对小鸡蛋有利。

27. 节粮型蛋鸡的光照强度和光照时间如何掌握，产蛋期光照程序应如何制定？

答：在育雏、育成阶段，节粮型蛋鸡的光照程序和光照强度与普通蛋鸡一样，但产蛋期的光照应根据节粮型蛋鸡的体重发育情况和5%产蛋日龄来决定，不可太早。光照时间应缓慢递增，每周增加0.5～1小时，递增至17个小时，光照强度15～20勒(5～6瓦/米^2)。

28. 节粮型蛋鸡的饲养笼具规格如何，用普通鸡的笼具是否可以养节粮型蛋鸡，装几只合适？

答：节粮型蛋鸡最好采用小型蛋鸡专用笼具。节粮型蛋的鸡笼具是根据其生理特点制作的，笼底网间距稍小，笼子的高度低10厘米，可增大饲养密度30%。若没有小型蛋鸡专用笼具，也可用原普通鸡的鸡笼，但不要增加饲养密度。

29. 节粮型蛋鸡的其他饲养管理、环境要求与普通鸡有何区别？

答：除了光照和雏鸡前几天温度有所不同外，其他方面基本上无太大区别。在饲养管理方面，应严格按普通蛋鸡的要求进行。

30. 节粮型蛋鸡与普通蛋鸡在饲养管理方面最大的不同点是什么？

答：①要抓好不同时期的体重；②抓好均匀度，节粮型蛋鸡产蛋性能的发挥与体重和均匀度关系极大；③采食量必须达到 90 克以上；④光照强度要大一些。

31. 节粮型蛋鸡若要饲养成功，最应重视什么?

答:应重视体重的控制，同时重视饲料的营养浓度和原料的选择。节粮型蛋鸡由于其品种特点，决定了必须保证每天摄入 14.5 克的粗蛋白质和 1.05 兆焦的代谢能。

32. 节粮型蛋鸡全期的饲料主要营养标准如何，与普通蛋鸡相比有何重要区别?

答:代谢能和粗蛋白质分别如下。

育雏期(0～9 周)，代谢能为 11.72～11.92 兆焦/千克，粗蛋白质为 19%。

育成期(10～18 周)，代谢能为 11.30 兆焦/千克，粗蛋白质为 15%～16%。

预产期(19～20 周)，代谢能为 11.08 兆焦/千克，粗蛋白质为 16.5%。

产蛋期(20～72 周)，代谢能为 11.08～11.51 兆焦/千克，粗蛋白质为 16.5%～17%。

节粮型鸡对蛋氨酸的需求量较敏感，产蛋期为 0.38%～0.4%。

33. 在节粮型蛋鸡饲料配方设计时应注意什么?

答:①要充分满足节粮型蛋鸡各阶段的营养需要，特别是代谢能、粗蛋白质、蛋氨酸、钙和磷的需要；②选择原料时要尽量选择适口性好、消化率高的原料，如豆粕、鱼粉、玉米等，可适当使用棉籽粕、优质酵母、大豆磷脂等原料；③若加入优质鱼粉 1%～2%，效果会更好。

34. 能否用饲料生产商生产的普通蛋鸡饲料去喂节粮型蛋鸡?

答:①1%～2%的预混料可以选择，需要另外添加维生素，尤其是维生素 D；②应采用节粮型蛋鸡专用的全价料或浓缩料；③如用普通蛋鸡全价料和浓缩料，应先问清营养含量，若不符合节粮型蛋鸡的营养要求，应尽量不用，否则会影响节粮型蛋鸡的采食量，以及生长发育和体重。

35. 节粮型蛋鸡专用饲料到哪儿去买？

答：中国农业大学北农大集团饲料公司根据节粮型蛋鸡的营养标准，专门为用户配制了节粮型蛋鸡专用预混料、浓缩料和全价料，也为其他厂家生产出售专用料。

36. 按照节粮型蛋鸡的能量要求，在配料时应该如何满足需要？

答：在饲料中加 0.5%～1%的植物油(36.82 兆焦/千克)或动物油(32.22 兆焦/千克)，可以提高能量浓度。每吨饲料添加 500 克和美酵素也能起到提高能量利用率的作用。

37. 全价饲料中添加植物油或动物油，一般应在哪个阶段添加？

答：在育雏阶段(0～9 周龄)加 1%植物油。育成阶段(10～18 周)一般不加油脂，但配制的全价料能量不能低于 11.3 兆焦/千克。预产阶段和产蛋阶段，加 0.05%～1%的植物油或动物油，主要看饲料的能量水平是否能满足需要。

38. 节粮型蛋鸡产蛋期采食量太低的原因何在，该如何办？

答："鸡为能而食"，节粮型蛋鸡也是如此。节粮型蛋鸡采食量一般不会太高，这与节粮型蛋鸡的胃内容积和饲料营养含量有关系。对节粮型蛋鸡而言，不要期望降低饲料营养标准来促进采食，应从饲喂方式和加强饲养管理方面进行改善。

39. 能量为什么对节粮型蛋鸡如此重要，节粮型蛋鸡对能量的需求与普通蛋鸡相比有什么不同？

答：不论什么品种的鸡都是如此。按体重、产蛋率、能量之间的关系来计算，体重为 1.5 千克左右的节粮型蛋鸡要想使其产蛋率达到 90%以上，高峰日采食量为 90 克，要满足这种需求，饲料粗蛋白质含量应为 16.5%左右，代谢能应达 11.08～11.51 兆焦/千克。

40. 节粮型蛋鸡对蛋氨酸的要求有多高，与普通蛋鸡的需求有何区别？

答：节粮型蛋鸡产蛋高峰期对蛋氨酸的需求水平为 0.4%左右，普通蛋鸡为 0.37%～0.38%。

41. 节粮型粉壳蛋鸡与节粮型褐壳蛋鸡在生产性能上有何不同？

答：区别不大，主要是蛋壳颜色有差别。

42. 节粮型蛋鸡的疾病防治有何新特点？

答：节粮型蛋鸡的综合卫生防疫措施和疫病免疫预防程序与普通蛋鸡一样。

43. 节粮型蛋鸡如何防控禽流感？

答：主要是做好免疫接种工作。

44. 节粮型蛋鸡如何防控新城疫？

答：主要是选择可靠厂家的疫苗，按科学的免疫程序免疫接种。

45. 节粮型蛋鸡的免疫程序如何？

答：与普通鸡相同。

46. 节粮型蛋鸡能否用颗粒饲料？

答：可以，特别是育雏阶段使用颗粒饲料可使小鸡采食营养全面，有利于节粮型蛋鸡的生长发育和体重达标。

47. 节粮型蛋鸡是何时推广的，目前的推广范围有多大，每年推广多少只？

答：农大 3 号小型蛋鸡从 1998 年开始向社会推广，每年推广 1 500 万～1 800 万只。推广范围包括河北、河南、山东、安徽、湖南、湖北、广西、四川、浙江、内蒙古、吉林等地。目前河北、山东、江苏等地出现了假冒产品，注意不要上当。

48. 节粮型蛋鸡为何能赚钱？

答：①节粮型蛋鸡能赚钱首先由于其品种特点所决定，小型蛋鸡属于节粮型新品种，育雏育成期比普通蛋鸡少吃约 2 千克饲料，产蛋期平均日采食量为 90 克，比普通蛋鸡每天少吃 20～30 克饲料，1 个产蛋周期约少耗 10 千克饲料。每千克鸡蛋成本低 0.4 元，综合效益节粮型蛋鸡可比普通蛋鸡多获利 5～9 元；②从另一角度讲，节粮型蛋鸡产的蛋比普通蛋鸡产的蛋每千克多买 0.2～0.3 元，特别是南方市场和鸡蛋按箱出售的禽蛋市场，小鸡蛋价更高，饲养节粮型蛋鸡的经济效益更可观；③通过这几年的市场情况总结，蛋价低、料价高时，饲养节粮型蛋鸡的经济优势就更加突出。实践证明，在 1997 年以后，在鸡蛋价格为 3.2 元/千克时，饲养 1 000 只节粮型蛋鸡每天还能盈利 30～50 元。

49. 从哪里可买到货真价实的节粮型蛋鸡？

答：从中国农业大学动物科技学院所属北农大种禽有限责任公司（原北京农业大学种鸡场）购买。地址：北京海淀上庄乡前章村北；联系电话：（010）82473703，62476962，62732741，13911774914。

公司常年提供节粮小型蛋鸡（粉壳、褐壳）父母代雏鸡和商品代种蛋、雏鸡。

质量承诺：1 周内成活率保 98%以上，鉴别率 98%以上，马立克氏病保护率95%以上。

50. 北农大种禽有限责任公司能提供哪些服务?

答:①饲养技术、疫病防治的咨询与服务;②饲料配方的设计和提供;③小型蛋鸡专用预混料和浓缩料的咨询;④免费负责北京市内的短途运输;⑤帮助用户办理火车、飞机运输,也可以送货上门(收费)。

51. 鸡群出现脱肛、啄肛是什么原因造成的?

答:引起鸡脱肛、啄肛的原因很多,一般有以下几个方面。首先是鸡的体重、体型不达标,开产时耻骨不能充分开张,造成鸡蛋带血(前期脱肛);其次是饲料营养不平衡,维生素A、维生素 D_3 缺乏是主要原因,蛋白质质量差或氨基酸不平衡也可造成鸡的异食癖;再次就是鸡患有寄生虫病或产蛋疲劳征(后期脱肛);另外密度大、鸡舍空气质量差、缺盐、灯光太强或断喙效果差也会引起啄肛。

52. 鸡群产蛋高峰上不去都是由哪些因素造成的?

答:产蛋高峰不高或维持时间短的原因比较复杂,可以从以下几方面进行考虑。

(1)采食量 小型蛋鸡的日采食量在80~95克之间与产蛋率成正比,如果采食量低产蛋率就低。

(2)体重和体型发育 体重不达标或体型发育不完善都会造成采食量低而影响产蛋率。

(3)饲料营养 饲料中蛋白质、代谢能、维生素和矿物质的含量以及饲料的适口性会影响营养摄入量。

(4)鸡舍环境 高温会造成鸡的采食量降低,影响产蛋。鸡舍通风不良也会影响鸡的健康。光照强度不足20勒和光照时间不足17个小时也影响产蛋率。

(5)疫病 鸡发生传染病会影响产蛋率,要做好传染病的预防工作。

53. 雏鸡死淘率高的原因是什么?

答:①雏鸡本身质量(种鸡营养不平衡、孵化卫生差)有问题;②运输过程受热或着凉;③开食之前没有先饮水(强制饮水);④开食饲料蛋白质太高(用了肉鸡料开食),造成消化不良和挂粪;⑤育雏温度(35℃~36℃)太高或偏低;⑥预防性药物不合理,中毒或无效。

54. 育成鸡体重(体型)为何不达标?

答:①雏鸡没有养好,有病;②育成鸡饲料中优质蛋白质低,缺少赖氨酸;③育成期光照时间不足9个小时;④没有严格挑选雏鸡。

55. 鸡体重不达标的后果如何?

答:①产道狭窄,蛋带血,引发啄肛;②采食量低,产蛋高峰维持时间短或高峰低。

56. 鸡日耗料高是什么原因?

答:①天气冷,鸡舍不保温;②浪费严重;③饲料能量低。

57. 鸡采食量低是什么原因?

答:①天气热,夜间未补饲;②饲料能量高;③鸡的体重(体型)不达标;④饲料适口性差,营养不平衡。

58. 鸡蛋的大小和什么有关系?

答:①品种及选育代次有关,蛋数和蛋重成反比;②饲料粗蛋白质高蛋重大;③采食量大蛋重大;④亚油酸含量高蛋重大;⑤开产晚,体重大蛋重大;⑥加牛黄酸蛋重小;⑦蛋氨酸含量高蛋重大。

59. 蛋壳颜色和哪些因素有关?

答:①与饲料色素无关;②遗传,和品种有关;③输卵管的健康程度；④与维生素 B_{12} 含量有关；⑤加脂肪可以增色；⑥虾皮、螃蟹壳、河沙可以增加蛋壳色泽。

60. 影响蛋黄颜色的因素有哪些?

答：①饲料中玉米颜色；②绿色植物含量，如苜蓿粉、红辣椒等；③人工色素，如伽哩素素红等；④发酵饲料可改善蛋黄颜色。

主要参考文献

1　戴茹娟,李宁,吴常信．性连锁矮小鸡生长激素受体基因位点多态性分析．畜牧兽医学报,1996,027(4):315～318

2　郭明霏．饲料能量对节粮小型蛋鸡生产性能的影响(学士论文).中国农业大学,2003

3　黄贝莹,杨宁．dw基因对蛋鸡卵黄沉积日粮脂肪酸的影响．畜牧兽医学报,2001,32(6):499～504

4　孔令河,孙友兴．改善鸡舍环境实行纵向通风的试验．中国家禽,1993,4:14～15

5　李桂冠．饲料维生素D含量和有机钙对小型蛋鸡生产水平的影响(学士论文).中国农业大学,2005

6　刘瑞生．EM在蛋鸡上的研究应用概况．山东家禽,2003,004:34～36

7　宁中华,李吉祥．用产蛋高峰后前期(29～44周龄)成绩估计全期产蛋数的研究．中国畜牧杂志,1994,030(6):25～26

8　宁中华,王庆民,宋文品等．矮小型褐壳蛋鸡农大褐3号生产性能初报．当代畜牧,1996,02:13～14

9　宁中华,王庆民,杨宁．矮小蛋鸡笼的设计．农业工程学报,1999(增刊):167～169

10　宁中华,王庆民,袁建敏等．矮小型褐壳蛋鸡解剖学研究．中国家禽,1999,10:3～4

11　宁中华,王忠．散养高产蛋鸡中的设施建设．中国

畜牧工程,2003,创刊号:16～18

12　宁中华,吴常信．矮小型褐壳蛋鸡育种的理论与实践．当代畜牧,1995,5:2～8

13　钮根花,崔绍荣．夏季鸡舍风扇湿帘蒸发降温设施的研究．浙江农业大学学报,1989,15(3):290～296

14　潘文俊．性连锁矮小型褐壳蛋鸡产蛋规律及某些耐热力指标的研究(硕士学位论文)．中国农业大学,1998

15　佘峰．鸡舍环境及其控制技术．中国家禽,2001,23(14):26～29

16　汪尧春,王庆民,宁中华．矮小型褐壳蛋鸡蛋白质和含硫氨基酸需要量的研究(饲养试验).1996,32(4):25～27

17　汪尧春,王庆民,宁中华．矮小型褐壳蛋鸡蛋白质和含硫氨基酸需要量的研究(代谢试验和血浆游离氨基酸测定).中国畜牧杂志,1997,33(1):10～12

18　汪尧春．矮小型鸡的营养特点．国外畜牧科技,1994,021(4):15～17

19　王润莲．植酸酶对产蛋高峰期蛋鸡生产性能及主要营养素存留的影响．中国家禽,2002,22(7):15～17

20　王生雨．中国养鸡学．山东科学技术出版社,1997:29～31

21　王忠,宁中华．节粮小型蛋鸡与普通蛋鸡饲养管理技术的对比分析．中国禽业导刊,2003,20(4):23～25

22　王忠,宁中华．高产蛋鸡散养综合配套技术．中国禽业导刊,2003,20(20):20～22

23　王忠,宁中华．节粮小型蛋鸡的品种特点和经济效益分析．中国禽业导刊,2003,20(6):13～15

24　吴常信．遗传育种在中国家禽生产中的应用及评

价．中国家禽，2001，23(1)：3

25　徐来仁，杨宁．矮小型褐壳蛋鸡产蛋时间和间隔的统计分析．中国畜牧杂志，1999，35(2)：6～9

26　杨宁，宫桂芬．蛋鸡产蛋量早期选择的优化研究．畜牧兽医学报．1993，024(1)：1～6

27　杨宁，李藏兰，于淑梅等．矮小型褐壳蛋鸡与普通型褐壳蛋鸡的蛋品质对比．中国畜牧杂志，1998，34(6)：28～29

28　杨宁．世纪之交看我国的蛋鸡业．中国家禽，2000，22(1)：1～3

29　周荣茂．不同钙水平对小型蛋鸡生产水平的影响(学士论文)．中国农业大学，2004

30　邹剑敏，马闯．我国蛋鸡良种繁育体系建设回顾及发展建议．中国禽业导刊，2001，18(10)：7～8

(外文参考资料略)